Lothar Ophey

Entwicklungsmanagement

Lothar Ophey

Entwicklungsmanagement

Methoden in der Produktentwicklung

Mit 95 Abbildungen

 Springer

Dr.-Ing. Lothar Ophey
InnoTech GmbH
Messerschmittstr. 16
87437 Kempten
info@inno-tech-gmbh.com

ISBN 3-540-20652-3

Bibliografische Information der Deutschen Bibliothek
Die Deutsche Bibliothek verzeichnet diese Publikation in der Deutschen Nationalbibliografie;
detaillierte bibliografische Daten sind im Internet über http://dnb.ddb.de abrufbar.

Springer ist ein Unternehmen von Springer Science+Business Media

springer.de

© Springer-Verlag Berlin Heidelberg 2005
Printed in Germany

Umschlaggestaltung: Erich Kirchner, Heidelberg
Satz: Digitale Druckvorlage des Autors

Gedruckt auf säurefreiem Papier   68/3020/M   - 5 4 3 2 1 0

Vorwort

Wieder ein Buch zum Thema „Entwicklungen" – wieder ein Buch zum Thema „Wissensmanagement"! Es wird sicherlich hier und da diese Reaktionen geben. Trotzdem hat mich das nicht davon abgehalten, diese Themen aufzugreifen und meine Ansichten und Erfahrungen dazu auch anderen Personen zugänglich zu machen, die sich in ähnlichen Situationen befinden, wie ich sie oft erlebt habe.

Entwicklungsarbeit ist ein komplexer Vorgang, der, genau wie alle anderen Prozesse, unter einem enormen Rationalisierungsdruck steht. In diesem Umfeld ist neben der Kreativität die systematische, konsequente und methodische Arbeit immer wichtiger für den Erfolg.

Der erste Grund für dieses Buch ist die Tatsache, dass ich in meiner bisherigen Laufbahn eine systematische und so weit wie möglich vollständige Sammlung einsetzbarer Methoden mit einigen Anwendungsbeispielen für den Entwicklungsbereich vermisst habe. Es gibt sicherlich eine Menge Literatur, die sich mit einzelnen Themen, die hier aufgegriffen werden, auseinandersetzt. Diese Literatur ist gut und soll auch für eine Vertiefung in das jeweilige Thema genutzt werden. Allerdings hat mir immer ein Überblick gefehlt, der hilft, die zur Lösung des aktuellen Problems richtige Methode unter all den vielen verschiedenen Möglichkeiten zu finden und am Anwendungsbeispiel deren Wirkung zu sehen.

Ein weiterer Grund liegt darin, dass ich dem Leser Mut machen möchte, mit Methoden zu experimentieren und diese nicht immer nur entsprechend der ursprünglichen Lehrmeinung einzusetzen und anzuwenden. Gerade diese Adaption von Methoden oder Teilen davon oder die Kombination von einzelnen Methoden zu einem Gesamtkonzept auf Probleme, für deren Anwendung sie ursprünglich nicht gedacht oder entwickelt waren, bringt eine Fülle neuer Erfahrungen und Möglichkeiten. Diese schöpferische Freiheit hilft dann auch neue Lösungsansätze durch die Anwendung neue Methoden zu finden.

Ein dritter Grund ist die zunehmende Komplexität nicht nur in den Bereichen der klassischen Ingenieurtätigkeit in Produktion und Entwicklung. Die Vielschichtigkeit von Einflüssen in den immer komplexer werdenden Entwicklungs- und Produktionsprozessen zu beherrschen gelingt z.T. nur mit Hilfe geeigneter Methoden.

Insofern sind moderne Methoden und deren Anwendung ein wichtiges und wesentliches Element von Problemlösungen geworden, die die Kreativität in sinnvoller Weise ergänzen.

Kempten, Juni 2004   Dr.- Ing. Lothar Ophey

Inhaltsverzeichnis

1 Einleitung

Die Veränderungen in der Wirtschaft haben in den letzten Jahren eine derartige Geschwindigkeit und Vielfältigkeit entwickelt, dass eine weitere Steigerung in Zukunft kaum vorstellbar ist. Trotzdem werden wir uns damit auseinander setzen müssen, dass unser Umfeld turbulenter wird, die Ereignisse immer schneller aufeinander folgen und die Randbedingungen immer weniger verlässlich sind.

Dabei haben diese Turbulenzen und Entwicklungstrends in der Vergangenheit doch zu erstaunlichen und bemerkenswerten Ergebnissen geführt. Die technische Entwicklung führte in den 80er Jahren zu einer CIM-Euphorie. Die menschenleere vollautomatisierte Fabrik war der Traum vieler Ingenieure. Dass dieser Traum nicht umgesetzt werden konnte, lag zum einen an der hohen Komplexität der Problemstellungen. In der Praxis traten viele ungeplante Ereignisse auf, die den automatischen Ablauf verhinderten. Zum anderen war die Technik noch nicht so weit, dass diese Komplexität auch tatsächlich bewältigt werden konnte – vor allem zu akzeptablen Kosten.

Das Beispiel des Automobilherstellers Volkswagen steht für diese Entwicklung. Zwar wurde unter dem Titel „Halle 54" die technische Machbarkeit der vollautomatischen Produktion eines Golf bewiesen – der technische Aufwand zum Bau, Betrieb und Instandhaltung dieser Anlage stand jedoch in keinem Verhältnis zu ihrem Nutzen. Langsam setzte sich – nicht nur in Europa – die Erkenntnis durch, dass die menschenleere Fabrik doch nur ein Traum war und in dieser Form nicht realisierbar ist.

Der Mensch ist mit all seinen Fähigkeiten doch nicht so einfach durch automatisierte Prozesse zu ersetzen, wie man es manchmal möchte. Insbesondere dann, wenn unvorhergesehene Situationen auftreten, kommt der automatisierte Prozess schnell zum Stillstand. Zwar existiert heute bereits eine Vielzahl von Ansätzen, um störungsbedingte Unterbrechungen von Produktionsabläufen wieder zu beheben [9] – die Voraussetzung ist jedoch immer, dass diese Störung in möglichen Ablaufalternativen vorausgesehen wurde. Unvorhergesehene Ereignisse führen nach wie vor zum ungeplanten Stillstand von Maschinen und Anlagen und damit zu Ausfällen. Der Mensch kann hier aufgrund seiner Fähigkeiten und seines Wissens in vielen Fällen Entscheidungen treffen und Lösungen finden, die nicht zum Stillstand führen, sondern immer noch eine Fortsetzung des Prozesses – vielleicht unter etwas geänderten Bedingungen – erlauben.

Heute stellen wir wieder eine zunehmende Tendenz in der Automatisierung der Fabriken fest, die Techniken – insbesondere die Informations- und Kommunikationstechniken – bieten dazu heute aufgrund der enormen Entwicklungsschübe der letzten Jahre Plattformen und Umgebungen, die zum damaligen Zeitpunkt unvorstellbar waren.

Nach der CIM-Euphorie folgte eine der schlimmsten Rezessionsphasen in der Nachkriegswirtschaft. Ausgehend von der Automobilindustrie wurde insbesondere der Bereich der Produktionstechnik und des Werkzeugmaschinenbaus besonders hart getroffen. Diese Zeit war die Blütezeit neuer Managementmethoden, mit denen der wirtschaftliche Erfolg für die Unternehmen wieder zurückkehren sollte, was leider nicht immer erfolgreich war.

Der eigentliche Grund für diese Rezession und den erfolgreichen Wiederaufstieg vieler Unternehmen lag jedoch viel tiefer. Einige Mechanismen des Marktes funktionierten plötzlich anders. Eine Vielzahl unterschiedlicher Faktoren war hierfür verantwortlich. Zum einen führte die Globalisierung dazu, dass internationale Wettbewerber im Kampf um den Kundenauftrag auftraten, die bislang nicht in dem angestammten Marktsegment tätig waren. Des weiteren war das Wachstum aufgrund expandierender Märkte nicht mehr da. Wachstum war nur noch möglich zu Lasten eines Wettbewerbers. Als Folge dieser beiden Phänomene entwickelten sich neue Managementmethoden, die den Kunden in das Zentrum stellten und die Qualität als wichtigstes Argument für die Kundenbindung entdeckten. Im Zuge dieser Entwicklungen sind auch eine Vielzahl von Managementmethoden oder -philosophien entstanden, die durchaus nachhaltig erfolgreich sind. Sowohl die „Six-Sigma"-Strategie von Jack Welch bei GE als auch der Turnaround bei Porsche durch W. Wiedeking sind letztlich Methoden, die auf Ideen und Gedanken des Total-Quality-Management basieren und die inzwischen die wichtigen und durchaus richtigen Ansätze früherer Managementmethoden integriert haben.

Trotzdem sind alle diese Erfolge nur deshalb möglich gewesen, weil die Unternehmen zwei ganz wichtige und elementare Dinge in die strategischen und methodischen Ansätzen integriert haben. Die Firmen haben sich auf ihr Produkt konzentriert und Innovationen betrieben. Dies bedeutet, sie haben sich auf ihr Wissen und ihre Erfahrungen konzentriert.

Aufbauend auf diesen Erfahrungen und dem Wissen aus der Vergangenheit entstanden neue Produkte, die den aktuellen Forderungen und Wünschen des Marktes entsprachen.

Damit kommt ein weiterer gewichtiger Faktor ins Spiel, der neben der eigenen Kompetenz elementar für den wirtschaftlichen Erfolg eines Unternehmens ist: Die Orientierung der Entwicklungsaktivitäten am Markt bzw. an den Wünschen des Kunden. Es gibt eine Vielzahl von Beispielen aus der Vergangenheit dafür, dass technische Innovationen als Produkt nicht erfolgreich waren, weil der Markt noch nicht reif dafür war – oder nicht bereit, den entsprechenden Preis für das teure und technisch zu anspruchsvolle Produkt zu zahlen.

In einer Zeit, in der einzig und allein der Kunde über den wirtschaftlichen Erfolg eines Unternehmens bestimmt, gilt es alle diese Faktoren richtig zu verstehen und zu kombinieren, um so den Erfolg sicher zu stellen.

Anhand dieser Situationsbeschreibung wird auch die Zielsetzung des Buches schnell deutlich. Die kontinuierliche Weiterentwicklung ist für Unternehmen der entscheidende Wettbewerbsvorteil. Der Aufbau und die Fortentwicklung des Wissens im Unternehmen bilden dafür die Basis. Im ersten Teil des Buches sollen daher Hilfsmittel und Denkmodelle dargestellt werden, die es erlauben, die Komplexität des Wissens und der Erfahrungen von Mitarbeitern im Unternehmen aufzubereiten und anderen Mitarbeitern zugänglich zu machen. Die Eminenz dieses Themas wird deutlicher, wenn man sich vergegenwärtigt, dass sich unser Wissen heute in einem Zeitraum von nur 5 Jahren verdoppelt (siehe Bild 1.1).

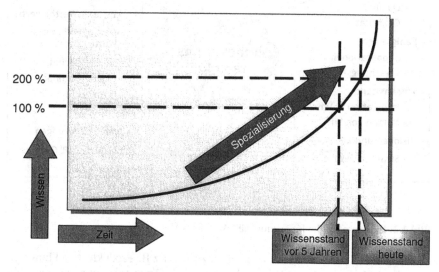

Bild 1.1: Entwicklung des Wissens

Diese Entwicklung besitzt eine progressive Charakteristik, d.h. der Zeitraum, in dem sich unser Wissen verdoppelt, wird in Zukunft immer kürzer. Insofern sind schnelle und flexible Prozesse und konzentrierte und effektive Wissensentwicklung die entscheidenden Grundlagen für den langfristigen Unternehmenserfolg. Die Ressource Mitarbeiter, die Qualifikation, die Erfahrung, das Wissen und vor allem die Lernbereitschaft sind zukünftig die entscheidenden Wettbewerbsvorteile eines Unternehmens. Gleichzeitig steigt auch die Spezialisierung der Fachkräfte. d.h. das Fachwissen wird umfangreicher und tiefer.

Diese Vergrößerung des Wissens führt zwangsläufig dazu, dass Problemlösungen immer komplexer werden. Dies gilt für Produktionsprozesse im gleichen Maße wie für Produktinnovationen. Darüber hinaus wächst die zu beherrschende Komplexität aufgrund der steigenden Anzahl äußerer Einflüsse, die zu berücksichtigen sind (siehe Bild 1.2).

Während vor Jahren der Umweltschutz bei Entwicklungsvorhaben noch von untergeordneter Bedeutung war, müssen heute bereits innerhalb der ersten Lösungskonzepte die umweltrelevanten Aspekte berücksichtigt werden. In gleichem Maße haben die Einflüsse des Marktes, der Kundenwünsche und des Kundenverhaltens auf die Produktentwicklung an Bedeutung gewonnen.

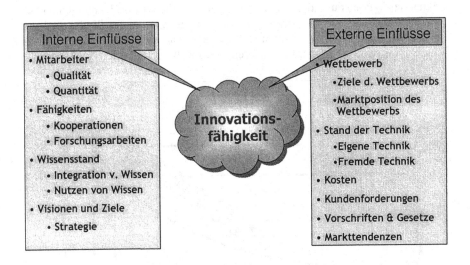

Bild 1.2: Einflüsse auf die Innovationsfähigkeit eines Unternehmens

Alle diese Einflüsse führen letztlich dazu, dass z.B. Produktentwicklungsprozesse immer schwieriger zu beherrschen sind. Allerdings existiert heute eine Vielzahl unterschiedlicher Methoden, die in einzelnen Phasen dieser schwierigen und komplizierten Prozesse helfen. Diese Methoden unterstützen den Anwender dabei, die aktuelle Problemstellung systematisch zu hinterfragen, aufzuarbeiten und einer konsequenten und logischen Lösung zuzuführen.

Im zweiten Teil dieses Buches werden daher Methoden und ihre Anwendungsmöglichkeiten anhand von Beispielen dargestellt. Dabei werden zwei Zielsetzungen verfolgt. Einerseits soll die Darstellung der gängigen Methoden dem Leser helfen, sich einen schnellen und umfassenden Überblick über die verschiedenen Methoden und ihre Möglichkeiten zu verschaffen. Ergänzend dazu existiert eine Vielzahl weiterer Fachliteratur, die die jeweilige Methode noch besser beschreibt. Andererseits soll der Leser dann dazu angeregt werden, die Prinzipien der jeweiligen Methodik so zu verändern oder anzupassen, dass sie auch für Problemstellungen, die sich methodischen Ansätzen bisher verschlossen haben, eingesetzt werden. Mit Hilfe der praktischen Beispiele werden hier einige Ansätze und Möglichkeiten diskutiert.

Die Konzentration auf die beiden Eckpfeiler „Wissensmanagement" und „Methodenkompetenz" wird bestätigt durch ein Untersuchungsergebnis des Projektes „Neue Wege zur Produktentwicklung", im Rahmen des BMF-Forschungsprogramms „Produktion 2000" [19]. Das Ergebnis einer hier durchgeführten Umfrage zeigt, dass Mängel in der innerbetrieblichen Kommunikation in Verbindung mit der Organisation und dem Menschen als Hauptprobleme bei Entwicklungstätigkeiten angesehen werden (siehe Bild 1.3). Dabei ist mit dem Begriff „Mensch" im wesentlichen seine Lernfähigkeit, sein Wissen, seine Qualifikation und seine soziale Kompetenz umschrieben. Diese Faktoren lassen sich unter dem Thema „Wissensmanagement" zusammenführen.

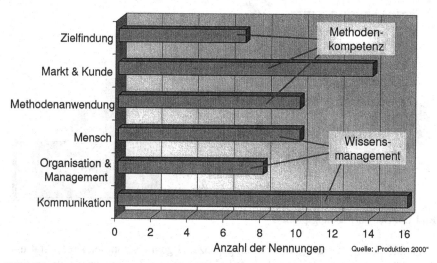

Bild 1.3: Problembereiche in der Entwicklung

Für die Entwicklungsarbeit spielt die systematische Analyse des Bedarfs die entscheidende Rolle. Die Impulse des Marktes (Markt & Kunde) richtig zu verstehen, sie systematisch zu analysieren und fortzuschreiben und daraus die richtigen Entwicklungsziele (Zielfindung) zu formulieren, sind in der o.g. Untersuchung ebenfalls als Problemschwerpunkte benannt worden.

Eine methodische Unterstützung ist nicht nur in dieser Vorphase, sondern auch während der späteren Entwicklungsarbeit notwendig. All diese Punkte können unter dem Thema „Methodenkompetenz" zusammengefasst werden.

Unabhängig davon ist es jedoch wichtig, diesen Entwicklungsprozess in seinem typischen Ablauf zu beschreiben und zu definieren. Auf diesen Referenzprozess wird dann in späteren Abschnitten immer wieder Bezug genommen. In der ersten Stufe eines Entwicklungsprozesses erfolgt die Analyse des Problems. In der Regel basiert dieser Schritt darauf, dass eine bestimmte Problemstellung aus dem Markt in das Unternehmen getragen wurde.

Dem schließt sich die Formulierung der Aufgabenstellung (Stufe II) an, die dann noch einmal mit einer intensiven Kommunikation mit dem Markt verbunden ist. In der Problemlösungsphase (Stufe III) werden Lösungsansätze gesammelt, aus denen in der Stufe IV eine oder mehrere geeignete Lösungen ausgewählt werden, die dann ausgeführt werden. Auf dieser Systematik beruhen im wesentlichen alle Innovationsprozesse, ob sie nun rein konstruktiver oder mehr fertigungstechnischer Natur sind.

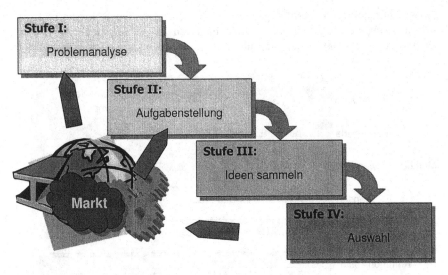

Bild 1.4: Der Entwicklungsprozess

Natürlich sind derartige Entwicklungsprozesse geprägt von der Kreativität und der schöpferischen Kraft der Beteiligten. Allerdings wird es immer wichtiger, dass dieser Prozess mit geeigneten Methoden unterstützt und begleitet wird, weil die Anforderungen an diesen Prozess immer komplexer werden und bei steigender Komplexität die Zeitachse immer kürzer wird.

Insofern sind mit den hier aufgegriffenen Themen auch die relevanten und wichtigen Handlungs- und Orientierungsfelder für Führungskräfte und Mitarbeiter angesprochen. Darüber hinaus gewinnt das Thema „Innovation" vor dem Hintergrund „Basel II" eine völlig neue Dimension für das Unternehmen [20]. Ein wesentlicher Schwerpunkt bei der Beurteilung und Bewertung der Kreditfähigkeit durch die Banken ist neben den konservativen Kriterien jetzt und verstärkt in Zukunft das Innovationsmanagement und das Management der Wertschöpfungskette des Hauses. Es gilt hier darzustellen,

- wie die Entwicklung in Zukunft verlaufen soll,

- welche Märkte erobert werden sollen,

- wie sich der Wettbewerb darstellt,

- welche Risiken die Entwicklung beinhaltet,

- welche Chancen sich damit eröffnen.

Für die Erarbeitung der Antworten auf die beispielhaft formulierten Fragenkomplexe sind die einzelnen   Methoden ein hervorragendes Hilfswerkzeug, da sie gezielt, systematisch und zwingend die geforderten Informationen im Verlauf des Anwendungsprozesses generieren.

2 Wissensmanagement

„Wissen ist Macht!" Diese Weisheit wird vielfach zitiert, aber in vielen Fällen immer noch nicht konsequent umgesetzt. Wie wichtig unser Wissen heute geworden ist, wird an einem Beispiel deutlich, das ich in [4] gefunden habe. Die Entwicklung der Menschheit in den letzten 40.000 Jahren entspricht der Entwicklung von 1.000 Generationen. Diese Entwicklung verlief in etwa nach folgenden groben Schritten:

- die ersten 800 Generationen existierten ohne künstlich angelegte Unterkünfte, in Wäldern und Höhlen,

- seit 120 Generationen kennen und nutzen wir das Rad,

- etwa 55 Generationen kennen und nutzen das Gesetz des Archimedes,

- etwa 40 Generationen nutzen Wind- und Wassermühlen,

- etwa 20 Generationen kennen und nutzen Uhrwerke,

- etwa 10 Generationen kennen den Buchdruck,

- 5 Generationen bewegen sich mit Schiffen und Eisenbahnen fort,

- 4 Generationen verwenden elektrisches Licht,

- 3 Generationen bewegen sich im Automobil fort, benutzen das Telefon und den Staubsauger,

- 2 Generationen bewegen sich mit Flugzeugen fort, benutzen das Radio und den Kühlschrank,

- erst die heutige Generation fliegt ins Weltall, nutzt die Atomenergie, benutzt PCs und Notebooks, überträgt Audio-, Video- und andere Informationen mit Hilfe künstlicher Satelliten über den ganzen Erdball.

Diese Entwicklung verdeutlicht einerseits, dass Wissen ein überproportionales, progressives Wachstum hat und andererseits in seinem Umfang und der Komplexität vom Einzelnen nicht mehr beherrscht werden kann. Den früheren „Universalgelehrten" wird es heute und in Zukunft nicht mehr geben. Die Geschwindigkeit des Wissenswachstums ist schon fast beängstigend und es wird eine große Herausforderung sein, dieses Wachstum im Wettbewerbsumfeld erfolgreich zu nutzen.

Andererseits ist Wissensmanagement alleine nicht das Erfolgsrezept schlecht-hin. Die Qualität des Wissensmanagement findet ihren Ausdruck unter anderen in der positiv empfundenen Unternehmenskultur, die durch viele andere Dinge be-einflusst wird. Hier kommen die sog. weichen Faktoren wie Führungsstil, Autori-tät, Motivation, Kommunikation, Kritikfähigkeit, Diskussionsverhalten, Zielorien-tierung usw. zum Tragen. Mit dieser Aufzählung soll noch einmal verdeutlicht werden, dass sowohl das Arbeiten mit den Methoden als auch das Wissensmana-gement wesentliche und wichtige Voraussetzungen bzw. Hilfsmittel für erfolgrei-che Entwicklungstätigkeiten sind, dabei aber unbedingt der Mensch mit all seinen Stärken und Schwächen berücksichtigt werden muss. Anderenfalls führt auch die beste Methode nicht zum Ziel und scheitert.

Insofern gewinnt natürlich das Wissensmanagement - der Umgang mit dem Wissen, die Lernfähigkeit von Menschen und Unternehmen - immer weiter wach-sende Bedeutung.

Dies schließt die systematische Arbeit mit dem Wissen genauso ein wie die Fä-higkeiten der Menschen, Wissen im Umgang miteinander im Rahmen ihrer Auf-gaben zu nutzen und weiter zu entwickeln.

2.1 Praktische Probleme

Wissen wird inzwischen als wichtiger Produktionsfaktor angesehen. Dies ist sicher absolut richtig, allerdings wird diese Aussage der tatsächlichen Bedeutung des Wissens bei weitem nicht gerecht.

Es fehlen noch mindestens zwei Faktoren, die die Bedeutung des Wissens erheblich erweitern – nämlich die Menge und damit die Komplexität des Wissens und die Zeit. Dabei hat die Zeit in Bezug auf das Wissen auch mehrere Dimensionen. Die erste Dimension betrifft die Zeit, in der das Wissen veraltet. Diese Zeitspannen werden immer kürzer, die Halbwertzeit des Wissens nimmt ab. Anhand von Bild 1.1 haben wir diese zeitliche Entwicklung der Wissensmenge und die damit verbundene Zunahme der Komplexität bereits diskutiert.

Mit der zweiten Dimension ist die Zeit gemeint, die man braucht, um Wissen zu erwerben. Der Erwerb von Wissen muss immer schneller werden angesichts der Tatsache, dass die Halbwertzeit sinkt. Auf der anderen Seite wächst die Menge unseres Wissen kontinuierlich, so dass der Lernprozess dadurch eher schwieriger als einfacher wird. Das bedeutet aber, dass klassische Lernprozesse und Erfahrungswissen nicht immer ausreichen. Vielmehr sind neue Methoden, Hilfsmittel und Prozeduren nötig, die uns helfen, diese Lernprozesse erheblich effektiver und schneller zu gestalten.

Mit dem Begriff Wissen ist einerseits der Begriff Information verbunden, was wiederum eng mit den Begriffen Menge und Vielfalt zusammenhängt. Andererseits hat Wissen eine sehr intensive Verbindung mit dem Thema Lernen, was wiederum Assoziationen zu Menschen und Mitarbeitern, aber auch zu Erfahrung, Unternehmensstruktur, Aus- und Weiterbildung hervorruft.

Insbesondere in der Technik wird dies immer deutlicher. Stellt man sich einmal den Engineeringbereich eines Anlagenherstellers vor, so wird die Bedeutung des Faktors „Wissen" sehr schnell deutlich. Gerade in solchen Bereichen existieren heute eine Anzahl von Mitarbeitern, die über ein hohes Maß an Wissen verfügen. Das Spezialistentum ist hier sehr stark ausgeprägt.

Natürlich erwartet ein Kunde von dem Lieferanten einer Produktionsanlage immer das Neueste und Beste. Dies bedeutet eigentlich, dass die gerade gelieferte Produktionsanlage schon wieder veraltet ist und der Lieferant eine noch bessere, schnellere, produktivere Anlage liefern muss. In der Auslegung der Prozesse stecken als Risiken, die zum Planungszeitpunkt noch nicht vollständig erkannt sind.

Hinzu kommt die steigende Komplexität aufgrund der immer vielfältiger werdenden Randbedingungen für die Produktion. Ob das die technischen und technologischen Randbedingungen oder gesetzliche Bestimmungen sind, spielt zunächst keine Rolle. Tatsache ist, dass diese Komplexität wächst. Das Beispiel im Bild 2.1 soll diese Fakten verdeutlichen.

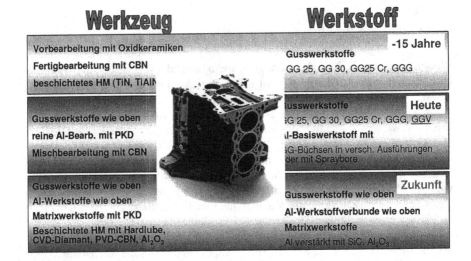

Werkzeug

Vorbearbeitung mit Oxidkeramiken

Fertigbearbeitung mit CBN

beschichtetes HM (TiN, TiAlN

Gusswerkstoffe wie oben

reine Al-Bearb. mit PKD

Mischbearbeitung mit CBN

Gusswerkstoffe wie oben

Al-Werkstoffe wie oben

Matrixwerkstoffe mit PKD

Beschichtete HM mit Hardlube,
CVD-Diamant, PVD-CBN, Al₂O₃

Werkstoff

-15 Jahre

Gusswerkstoffe

GG 25, GG 30, GG25 Cr, GGG

Heute

Gusswerkstoffe

GG 25, GG 30, GG25 Cr, GGG, GGV

Al-Basiswerkstoff mit

GG-Büchsen in versch. Ausführungen
oder mit Spraybore

Zukunft

Gusswerkstoffe wie oben

Al-Werkstoffverbunde wie oben

Matrixwerkstoffe

Al verstärkt mit SiC, Al₂O₃

Bild 2.1: Entwicklung der Zerspanprozesse

Die Automobilindustrie baut im Jahr etwa 55 Mio. Automobile, die natürlich alle auch einen Motor haben. Herzstück jedes Motors ist das Kurbelwellenlagergehäuse, kurz der Zylinderblock. In der Vergangenheit waren diese Zylinderblöcke üblicherweise aus Grauguss. Für die Bearbeitung von Grauguss wurden Hartmetall-Werkzeuge mit bestimmten Schnittdaten eingesetzt, die bei allen Automobilherstellern in einem engen Feld lagen. Aufgrund der Berufserfahrung kannte jeder Produktionsingenieur diese Daten und wusste auch mögliche Verbesserungen aufgrund von Weiterentwicklungen der Schneidstoffhersteller.

Innerhalb der letzten 10-15 Jahre sind Zylinderblöcke mit anderen, zum Teil neuen, Werkstoffen entwickelt worden. Sowohl qualitativ bessere Eisengusswerkstoffe als auch Aluminiumlegierungen in verschiedenen Ausprägungen werden heute alternativ zu dem klassischen Grauguss (GG25) eingesetzt.

Der Hintergrund dieser Entwicklung liegt in der verbesserten Leistungsfähigkeit der Motoren bei gleichzeitiger Reduzierung des Gewichtes.

Das Bearbeiten dieser Werkstoffe ist jedoch erheblich komplizierter als das noch bei den „alten" Gusswerkstoffen der Fall war. Für die Zerspanung stehen für jeden neuen Werkstoff andere Schneidwerkstoffe zur Verfügung, die natürlich auch andere Schnittparameter benötigen. Man sieht schon an diesem einfachen Beispiel, wie schnell die wachsende Vielfalt dazu führt, dass die gesamte Thematik für den einzelnen Mitarbeiter nicht mehr überschaubar ist.

Wenn man jetzt noch berücksichtigt, dass die Schneidstoffhersteller natürlich auch kontinuierlich ihre Produkte verbessert haben und damit für eine weitere Steigerung der Vielfalt gesorgt haben, so wird damit das exponentielle Wachsen des Wissens eindrucksvoll bestätigt.

Ein Ende dieser Entwicklung ist nicht absehbar. In den Laboratorien der Automobilhersteller wird natürlich schon längst an weiteren Werkstoffen gearbeitet, die eine nochmalige Verbesserung der Leistungsfähigkeit eines Motors erlauben. Damit steigt dann die Vielfalt der Kombinationen von zu bearbeitenden Werkstoffen und Werkzeugen nochmals an, so dass der Produktionsingenieur noch weniger auf sein Erfahrungswissen bauen kann.

Angesichts der immer größer werdenden Wissensmengen und der Zahl der Erkenntnisse gewinnt natürlich die Aktualität des Wissens eine immer höhere Bedeutung. Die Schnelllebigkeit technischer Entwicklungen z.B. in der Kommunikationstechnik bietet dafür genügend Beispiele. Während noch vor nicht allzu langer Zeit Milliarden für die UMTS-Lizenzen bezahlt wurden, um damit ein in Zukunft mögliches Geschäft zu machen, drohen heute − noch bevor die UMTS-Technik umgesetzt wurde − bereits weiter entwickelte Alternativ-Techniken diesen Stand der Technik zu überholen und damit überflüssig zu machen. Die Investition wäre damit ein gigantischer Flop.

Auch für das Beispiel der Produktion von Zylinderblöcken ist die Aktualität der Information von hoher Bedeutung. Für die Gestaltung eines modernen, effizienten und wettbewerbsfähigen Produktionsprozesses sind aktuelle Informationen über Werkstoffe, Schneidstoffe und weitere Hilfsstoffe unumgänglich. Das Beispiel verdeutlicht aber auch ein anderes Problem, nämlich dass die traditionellen Lernprozesse zum Wissenserwerb in der heutigen und zukünftigen Arbeitswelt bei weitem nicht mehr ausreichen. Der Aufbau von Wissen aufgrund der über Jahre gewonnenen Berufserfahrungen wird den Anforderungen nicht mehr gerecht, da er viel zu lange dauert.

Dies gilt insbesondere für die Mitarbeiter in der Produktionstechnik, da gerade hier Erfahrungswissen − und damit der individuelle Lernprozess − in der Vergangenheit und auch heute noch die wichtigste Basis für eine qualifizierte Arbeit sind. Aufgrund der Schnelllebigkeit von Produkten und Produktionsprozessen ist hier jedoch ein starker Wandel festzustellen und die Anforderungen an die Mitarbeiter ändern sich dramatisch. Gefragt ist nicht unbedingt der Mitarbeiter mit hoher Erfahrung, sondern vielmehr derjenige, der in der Lage ist, aktuelle und richtige Informationen schnellstmöglich zu besorgen, aufzubereiten und damit das aktuelle Problem zu lösen.

Auch der Service bietet ein breites Anwendungsfeld für das Wissensmanagement. Folgt man dem Gedankenansatz des Total Quality Management [1, 2, 10, 11], so gilt es, die Erfahrungen und das Wissen, die Probleme und die Lösungen aus dem Service für viele Bereiche des Hauses aufzubereiten und verfügbar zu machen.

Die klassische und auch heute noch weit verbreitete Arbeitsweise in vielen Servicebereichen sieht in etwa wie folgt aus:

Der Kunde ruft an und meldet sein Problem dem Service. Das Problem wird aufgenommen, ein Servicemitarbeiter fährt zum Kunden, behebt das Problem und erstellt anschließend einen Servicebericht. Dieser wird dann abgelegt und damit auch das Problem. Formuliert man einmal sarkastisch, so hätte er den Servicebericht auch in den Abfall werfen können - der Nutzen für das Haus wäre derselbe gewesen.

Es fehlt eine systematische Analyse und Aufbereitung des Problems, die dann die Basis liefert für

- eine schnellere und effizientere Lösung des Problems im Wiederholungsfalle. So kann dann ein Kollege, der ein ähnliches Problem lösen muss, schon auf eine gefundene Lösung zurückgreifen. Er spart sich lästiges Probieren und Versuchen, sondern kann direkt und sehr effektiv den Fehler beheben.

- eine nachhaltige Verbesserung, indem diese Probleme und vor allem deren Lösungen z.B. bei Neuentwicklungen direkt berücksichtigt werden.

Hier kann der Entwicklungsbereich von der konsequenten Dokumentation und Auswertung von Wiederholfehlern oder kleinen immer wieder auftretenden Mängeln profitieren, die ansonsten gar nicht bis dahin vordringen.

Natürlich können diese Zusammenhänge noch beliebig erweitert und verfeinert werden. So bietet z.B. die konsequente Nutzung der EDV die Möglichkeit, den reinen Organisationsprozess innerhalb des Service zu unterstützen und effektiver zu gestalten, insbesondere im Hinblick auf eine positive Ausstrahlung auf den Kunden.

Die nachfolgend beschriebenen Beispiele sind Anwendungen des Gedankengutes „Wissensmanagement", wobei hier die praktische Lösung eines oder mehrerer Probleme im Vordergrund stehen und nicht die komplette Umsetzung des akademischen Ansatzes.

2.2 Grundlagen des Wissensmanagement

„Wissensmanagement" ist ein Schlagwort, das heute bereits den gleichen gefährlichen und inzwischen leicht anrüchigen Nimbus hat wie die Begriffe „Business-Reengineering" , „Lean-Management" oder ähnliche. Betrachtet man den Begriff „Wissensmanagement" jedoch mit der richtigen Objektivität und Einstellung, so wird man erkennen, dass in vielen Firmen heute schon Teile davon praktiziert und umgesetzt werden. Mit „Wissensmanagement" werden alle Aktivitäten umschrieben und erfasst, die sich mit dem für den Erfolg des Unternehmens wichtigen Wissen auseinandersetzen. Insofern gilt dieser Begriff nicht nur für die unmittelbar produktbezogenen Kenntnisse der Mitarbeiter eines Unternehmens, sondern er schließt alle unterstützenden Kenntnisse und Erfahrungen ein.

Die Bedeutung, die dem Thema Wissensmanagement und seiner Arbeit zukommt, wird deutlich anhand eines Untersuchungsergebnisses, das in [17] veröffentlicht wurde (siehe Bild 2.2).

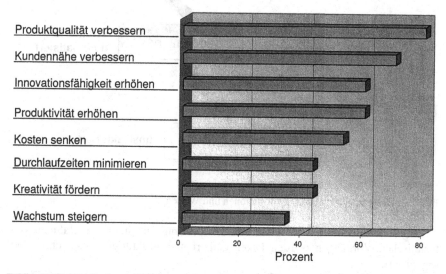

Bild 2.2: Potenziale durch Wissensmanagement aus industrieller Sicht [17]

In einer Umfrage wurde ermittelt, welche Bedeutung die Industrie dem Wissensmanagement zumisst und vor allem in welchen Bereichen das Wissensmanagement Potenziale für eine Verbesserung der Unternehmenssituation besitzt. Die Antworten zeigen zwar einen klaren und eindeutigen Schwerpunkt im Bereich der Entwicklungs- und Innovationstätigkeiten, allerdings sind auch andere Unternehmensinteressen wie Kundennähe oder Produktivitätssteigerung mit hohen Verbesserungspotenzialen durch Anwendung des Wissensmanagements benannt worden. Damit wird deutlich, dass Wissensmanagement auch etwas mit der Organisation und den organisatorischen Abläufen in einem Unternehmen zu tun hat. „Wissensmanagement" enthält also neben der Komponente „Wissen" auch die Komponente „Prozess".

Die Grundlagen des Wissensmanagements sind ausführlich in den verschiedensten Literaturstellen beschrieben [12, 13]. Aus diesem Grunde sollen hier nur die Grundzüge in komprimierter Form dargestellt werden.

Die Basis für die Diskussion des Begriffes *Wissensmanagement* bildet zunächst die Definition von Wissen. Dazu ist es notwendig, die Begriffe *Information* und *Daten* ebenfalls zu definieren und inhaltlich abzugrenzen. Sortiert man die Begriffe hierarchisch zueinander, so beschreibt der Begriff *Daten* Elemente, die nicht strukturiert sind, in keinem Zusammenhang stehen und isoliert sind (siehe Bild 2.3).

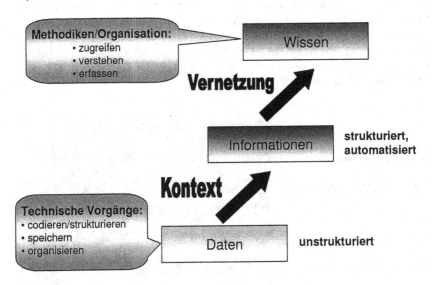

Bild 2.3: Definition von Daten, Informationen und Wissen

Ein weiteres Merkmal für *Daten* ist der Umgang mit ihnen. Im Rahmen von technischen Vorgängen werden Daten codiert und strukturiert, gespeichert und organisiert.

Durch die Schaffung von definierten Zusammenhängen werden aus den Daten Informationen, die entsprechend höherwertig sind. Diese Auswertung kann maschinell erfolgen.

Eine weitere Vernetzung der Informationen und vor allem die Interpretation der Informationen führen dann zu personenbezogenem Wissen, was natürlich wieder individuell ist. Hier sind Vorgänge wie erfassen, verstehen oder zugreifen auf Informationen notwendig, die sowohl organisatorische als auch methodische Komponenten beinhalten.

An dieser Stelle wird bereits sehr deutlich, dass Wissensmanagement eine Sache ist, die nicht durch moderne EDV alleine gelöst wird, sondern dass die EDV im besten Falle ein gutes Hilfsmittel zur Realisierung von Wissensmanagement ist. Der entscheidende Faktor ist der Mensch, dem die EDV-Unterstützung bei der Sammlung und Aufbereitung von Daten zu Informationen nützlich ist.

Im zweiten Schritt ist es zwingend notwendig, die Elemente des Wissensmanagement näher zu beleuchten (siehe Bild 2.4).

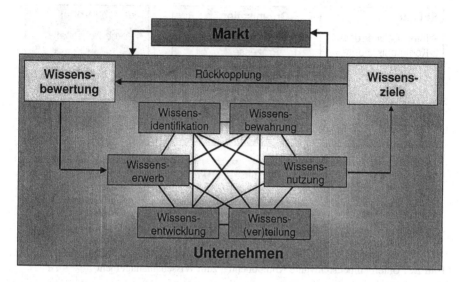

Bild 2.4: Regelkreis des Wissensmanagement

Das Bild stellt in einem Regelkreis alle Elemente des Wissensmanagement dar, die letztlich auch für den Erfolg oder Misserfolg eines Unternehmens ausschlaggebend sind. Im Unternehmen selbst wird die Regelstrecke geprägt durch die bekannten Elemente des Wissensmanagements [12].

- Wissensidentifikation (welches Wissen braucht das Unternehmen?)

- Wissenserwerb (wie erwirbt das Unternehmen sein Wissen?)

- Wissensentwicklung (wie entwickelt das Unternehmen sein Wissen und das seiner Mitarbeiter weiter?)

- Wissens(ver)teilung (wie teilt und verteilt das Unternehmen sein Wissen?)

- Wissensnutzung (wie gestaltet man die durchgängige Nutzung von im Unternehmen vorhandenem Wissen?)

- Wissensbewahrung (wie bewahrt man das erworbene Wissen auf und welches Wissen muss aufbewahrt werden?)

Alle diese Elemente sind bei einem bewussten Umgang mit dem Thema Wissen in einem Unternehmen zu diskutieren und müssen letztlich allen Mitarbeitern klar gemacht werden. Die Qualität und Intensität dieser Diskussion ist ein entscheidender Baustein für den Erfolg eines Unternehmens.

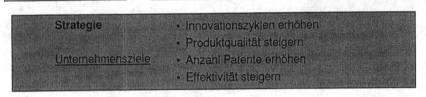

Wissensmanagement

Struktur

• Informations- und Kommunikations-systeme

Organisation

• Definierte Prozesse

• Klare Aufgaben und Kompetenz-verteilung

Mensch / Kultur

• Lernbereitschaft

• Anreizsysteme

• Leistungsbereitschaft

• offene Kommunikation

• Vertrauen

Strategie

Unternehmensziele

• Innovationszyklen erhöhen

• Produktqualität steigern

• Anzahl Patente erhöhen

• Effektivität steigern

Bild 2.5: Unternehmensrelevante Komponenten zum Wissensmanagement

Im Sinne der Regelungstechnik ist jedoch auch eine Rückkopplung notwendig, damit die Anstrengungen zum Wissen auch gemessen und bewertet werden können. Für alle in der Aufzählung benannten Bausteine des Wissensmanagements sind daher unternehmensspezifische Ziele zu formulieren, deren Erfüllungsgrad dann der interne Maßstab für den Erfolg ist.

Überlagert wird diese Rückkopplung durch eine zweite, nämlich den Markt: Der Markt bzw. der Markterfolg ist letztlich der absolute Maßstab für die Anstrengungen, die im Rahmen des Wissensmanagements unternommen worden sind.

Es sei allerdings an dieser Stelle darauf hingewiesen, dass dieses Modell des Wissensmanagements keine Alternative oder einen Ersatz für andere sog. Managementmethoden darstellt, die in der Vergangenheit von Beratern häufig und gerne als das Allheilmittel erfolgreicher Unternehmen dargestellt wurden. Vielmehr muss man diese Elemente mit in eine ganzheitliche Unternehmensphilosophie einbinden, die auch noch durch andere gedankliche Ansätze gestützt werden. Ein wichtiger Ansatz ist dabei die Philosophie des Total Quality Management (TQM), die unter verschiedensten Bezeichnungen von unterschiedlichen erfolgreichen Unternehmen als Weg zum Erfolg bezeichnet wird. Auch im TQM ist letztlich der Prozessgedanke der grundlegende Ansatz für die Analyse und die Gestaltung von Abläufen im Unternehmen.

Fassen wir diesen Gedankenansatz einmal zusammen, so ergeben sich für die Umsetzung des Wissensmanagements vier wichtige Handlungsfelder, die dann in den einzelnen Unternehmensbereichen entsprechend umgesetzt werden müssen (siehe Bild 2.5). Wichtig sind zunächst klare Vorgaben und Ziele, Vorstellungen und Visionen der Managements.

Hier sind globale Formulierungen wie: „Wir wollen in den kommenden Jahren unsere Innovationskraft steigern und die Zahl der Patente erhöhen" durchaus zulässig und richtig. Sie enthalten eine klare Botschaft an das Unternehmen, wobei es die Aufgabe der Führungskräfte ist, dieses Ziel auf die Bereiche herunterzubrechen.

Der zweite wichtige Baustein ist die Organisation. Für den wirtschaftlichen Erfolg des Unternehmens ist es notwendig, die Geschäftsprozesse und die Aufbauorganisation so zu gestalten, dass ein effektives und zielgerichtetes Arbeiten möglich ist. Auch dies ist die Aufgabe des Managements, das durch eine klare Aufgaben- und Kompetenzverteilung für eindeutige und definierte Prozesse zu sorgen hat.

Zur Umsetzung des Wissensmanagements sind darüber hinaus moderne und leistungsfähige Kommunikations- und Informationssysteme notwendig, die an die definierten Geschäftsprozesse angepasst sind und helfen, diese so effektiv und schnell wie nur irgend möglich zu gestalten.

Der letzte und sicherlich der wohl am schwierigsten handhabbare Baustein sind die Mitarbeiter und die Unternehmenskultur. Die Umsetzung des Wissensmanagements erfordert eine offene und vertrauensvolle Kommunikation der Mitarbeiter untereinander. Der Mitarbeiter muss die Bereitschaft haben, einerseits immer neues Wissen zu erwerben und andererseits dieses neu erworbene Wissen so aufzubereiten, dass das Unternehmen davon profitieren kann.

2.3 Wissensmanagement in der Entwicklung

Entwicklungen und Innovationen sind die entscheidenden Themen für den Erfolg oder Misserfolg eines Unternehmens. Wie wichtig neue Produkte für den Unternehmenserfolg sind wird an den Ergebnissen einer Studie [18] deutlich, die im Bild 2.6 dargestellt sind.

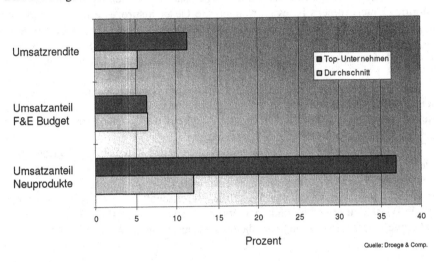

Bild 2.6: Zusammenhang zwischen Innovation und Unternehmenserfolg [18]

Im Rahmen der Untersuchung wurden eine Vielzahl von Unternehmen im Hinblick auf ihren Erfolg bewertet und in erfolgreiche - mit einer Umsatzrendite von mehr als 5 % - und in mittelmäßige - mit einer Rendite von 0 - 5 % eingeteilt. Das Forschungs- und Entwicklungsbudget erfolgreicher Unternehmen hat einen gleich hohen Anteil am Umsatz wie bei den mittelmäßigen Firmen (ca. 6-7%). Allerdings ist auffallend, dass bei den Erfolgreichen der Anteil neuer Produkte am Produktportfolio deutlich größer ist, als dies bei den mittelmäßigen Unternehmen der Fall ist.

Geht man einmal davon aus, dass die Potentiale bei den Mitarbeitern in den Unternehmen in etwa gleich sind, so müssen die Ursachen für diesen Unterschied andere Gründe haben. Offensichtlich gelingt es den erfolgreichen Unternehmen, ihre Entwicklungskapazitäten deutlich besser zu nutzen und damit schneller und flexibler zu neuen Produkten zu kommen. Neben der methodischen Arbeit ist vor allem der richtige Umgang mit dem Faktor „Wissen" von entscheidender Bedeutung für den Erfolg. Insbesondere in der Entwicklung neuer Produkte sind Erfahrungswissen, schneller Aufbau und Integration von externem Wissen und der intensive Austausch von internem Wissen wichtige Erfolgskriterien.

Dabei muss man ebenfalls berücksichtigen, dass sich die Entwicklungsarbeit aufgrund der steigenden Komplexität und Vielschichtigkeit, die sich laufend ändern, ebenfalls immer wieder neuen Herausforderungen zu stellen hat.

So haben in der Vergangenheit häufig einzelne Personen die Entwicklungsarbeit geprägt und bestimmt. Diese „Genies" haben die gesamte Problemstellung verstanden und Lösungen dafür entworfen und skizziert. Diese Problemlösungen waren durchaus nicht immer erfolgreich, sondern es entstanden auch bei dieser Art der Entwicklungsarbeit viele Flops, die die verschiedensten Ursachen hatten. Diese Vorgehensweise kann allerdings heute in erfolgsorientierten Unternehmen nicht mehr praktiziert werden. Ganz im Gegenteil: der Stil in der Entwicklungsarbeit ist heute – und noch stärker in Zukunft – geprägt durch das Team und das gekonnte Zusammenspiel der verschiedensten Disziplinen. Hinzu kommt, dass sich heute eigentlich kein Unternehmen mehr einen Flop leisten kann. In einzelnen Branchen kann ein solcher Misserfolg der Todesstoß sein.

Gleichzeitig nimmt das Tempo, mit dem Neuentwicklungen entstehen, immer weiter zu. Insofern wächst natürlich der Druck auf die Entwicklungsarbeit.

Die zunehmende Komplexität in der Entwicklungsarbeit ist in Bild 2.7 angedeutet.

Bild 2.7: Einflüsse auf die Entwicklungsarbeit

Den weitaus größten Einfluss auf die Entwicklungsarbeit hat natürlich das Fachwissen. Die Fülle des Fachwissens nimmt kontinuierlich zu und auch die Geschwindigkeit, mit der dieses Wissen weiter entwickelt wird, steigt ständig.

Dies betrifft einerseits den aktuellen Stand der Technik, der angesichts der steigenden Geschwindigkeit beim Wissenswachstum auch immer wieder neu definiert werden muss. Dabei erfährt das „Fachwissen" aber auch eine deutliche Steigerung der Komplexität. So lassen sich Entwicklungsaufgaben in der Technik heute nicht mehr lösen, ohne dass der Produktionsprozess parallel dazu intensiv mitentwickelt und gestaltet wurde. Dabei müssen dann durchaus auch bisher fremde Technologien fachkundig als mögliche Alternativen für die Herstellprozesse beurteilt und bewertet werden.

Das Marktgeschehen übt ebenfalls einen immer weiter wachsenden Druck auf die Entwicklungsarbeit aus. Zum einen verlangen die Kunden immer mehr individuelle Lösungen. Zum zweiten ist heute kaum ein Produkt vor schnellen Nachahmungen gefeit. Zum dritten ist natürlich für den Erfolg von neuen Produkten auch wichtig, den aktuellen Zeitgeist zu treffen und vor allem die Kundenwünsche richtig umzusetzen.

Die Forderungen nach Umweltverträglichkeit und Gesetzeskonformität klingen zwar recht selbstverständlich, steigern jedoch in ihrer Vielfalt wiederum die Komplexität der äußeren Randbedingungen, die für eine erfolgreiche Entwicklungsarbeit erfüllt werden müssen.

Schon an dieser Stelle müssen Überlegungen ansetzen, die den Prozess des Wissenserwerbs unterstützen. Dabei sind zwei Schwerpunkte zu beachten. Einerseits gilt es, das interne Wissen zu strukturieren, aufzubereiten, zu dokumentieren und möglichen Nutzern zugänglich zu machen. Dies ist insbesondere für Unternehmen wichtig, die mehrere Entwicklungszentren haben, die an unterschiedlichen Standorten sind. Aber auch wenn alle Entwicklungsaktivitäten an einem Standort stattfinden, ist dieser Prozess die wichtige Basis für schnelle und zielgerichtete Innovationen.

Wie können solche Prozesse, die die Lernfähigkeit eines Unternehmens unterstützen, in der Praxis aussehen? Natürlich gibt es hier auch eine Vielzahl von Möglichkeiten und Lösungen, die wiederum von der jeweiligen Problemstellung der Organisation, den Mitarbeitern und einer Vielzahl weiterer Randbedingungen bestimmt werden.

Nachfolgend soll eine praktische Lösung am Beispiel einer Angebotsabteilung eines Sondermaschinenbauers exemplarisch vorgestellt werden. Die Randbedingungen, denen die Mitarbeiter in einem solchen Unternehmensbereich unterliegen, sind in Bild 2.8 skizziert. Ergänzend sei noch erwähnt, dass die Erstellung von Angeboten hier in der Regel 4-8 Wochen dauert, d.h. allein der Aufwand dazu ist extrem hoch und verlangt natürlich eine Menge Aufmerksamkeit.

Dieser Aufwand ist nicht nur durch die fachliche Breite wie das Umweltrecht, die Sicherheitsbestimmungen, Anwenderrichtlinien usw. geprägt, sondern wird durch die unterschiedlichen Ausführungen in den Ländern und/oder bei den Kunden noch weiter gesteigert.

Auf der einen Seite stehen die hohen Kundenerwartungen. Zum einen sind dies die Forderungen nach modernster, zukunftsorientierter Technologie und auf der anderen Seite der Wunsch nach kostengünstigen Lösungen.

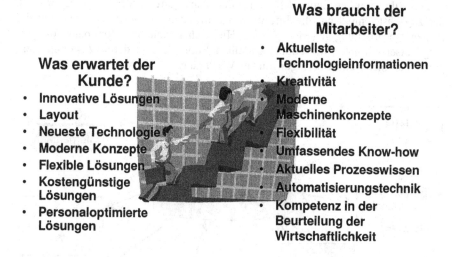

Was erwartet der Kunde?
- Innovative Lösungen
- Layout
- Neueste Technologie
- Moderne Konzepte
- Flexible Lösungen
- Kostengünstige Lösungen
- Personaloptimierte Lösungen

Was braucht der Mitarbeiter?
- Aktuellste Technologieinformationen
- Kreativität
- Moderne Maschinenkonzepte
- Flexibilität
- Umfassendes Know-how
- Aktuelles Prozesswissen
- Automatisierungstechnik
- Kompetenz in der Beurteilung der Wirtschaftlichkeit

Bild 2.8: Spannungsfeld in der Angebotsabteilung

Dabei kann dann der Mitarbeiter in der Angebotsabteilung in der Regel nur auf den Erfahrungen von Angeboten aus der Vergangenheit aufbauen. Dies stellt in der Regel jedoch schon die erste große Hürde dar. Der Mitarbeiter hat zwar in der Vergangenheit eine Vielzahl von Angeboten erstellt, die dann auch in Form von entsprechenden Aufträgen realisiert wurden. Vielfach fehlt ihm jedoch an dieser Stelle die Rückinformation über das tatsächliche Verhalten der von ihm für das Angebot konzipierten Anlage. Die Anlage wurde nämlich viel später gebaut und noch später in Betrieb genommen, abgenommen und beim Kunden aufgestellt. Wie das Konzept in die Realität umgesetzt wurde und wie gut oder schlecht diese Lösung dann war, erfährt er in der Regel nicht. Falls dann beim Kunden noch weitere Leistungsreserven aufgedeckt wurden, so sind ihm diese Informationen völlig fremd und erst recht nicht zugänglich.

Trotzdem muss er bei der nächsten Angebotsausarbeitung für eine ähnliche Problemstellung wieder ein modernes und zukunftsorientiertes Anlagenkonzept entwerfen und einen leistungsfähigen, zuverlässigen und sicheren Prozess entwickeln. Dieses Konzept soll natürlich wieder besser sein als das letzte Konzept. Das große Dilemma des Mitarbeiters in der Angebotsabteilung ist die unzureichende Bestätigung seiner Annahmen durch entsprechende praktische Erfahrungen, sei es aus dem eigenen Hause oder aus dem praktischen Einsatz der Anlage vor Ort beim Kunden. Um hier Abhilfe zu schaffen, muss man den gesamten Prozess der Informationsdurchläufe entlang der Auftragsbearbeitung im Hause aufzeigen und nachbilden. Dieser Prozess kann dann auf einer Datenbank mit seinen wesentlichen Informationen abgebildet werden und stellt so eine ausgezeichnete Grundlage für die Weiterentwicklung des technologischen Wissens im Hause dar. In Bild 2.9 ist beispielhaft ein solcher Prozess mit den wichtigen Prozessteilnehmern abgebildet.

Das Bild zeigt den Entwurf für einen datenbankgestützten Informationsprozess, der zunächst einmal nur die Informationen im Hause sammelt, die während der Angebotsbearbeitung generiert werden. Hier stehen dann auch für später folgende Angebotserstellungen die einmal erstellten Entwürfe und damit zusammenhängende Parameter und Überlegungen zur Verfügung.

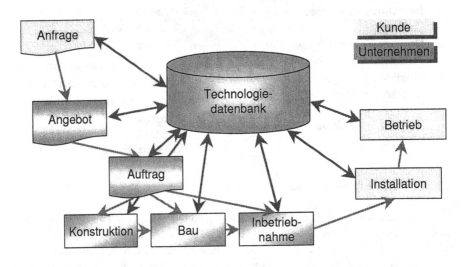

Bild 2.9: Informationsfluss zum Aufbau einer Technologiedatenbank für den Angebotsprozess

Werden die Angebote dann zu Aufträgen, so können während der Auftragsbearbeitung weitere Informationen zugefügt werden. Das endgültige technische Konzept, das basierend auf dem Angebot umgesetzt wurde, ist ein weiterer Bestandteil der Informationen. Mit dem Fortschritt des Auftrages werden dann die tatsächlichen Leistungs- und Qualitätsdaten der Anlage ermittelt und ebenfalls in die Datenbank eingestellt. Insbesondere die in der abschließenden Abnahme ermittelten Kenndaten sind von großer Wichtigkeit, da diese Daten auch gleichzeitig Bestandteil des Vertrages sind. Der Vergleich der Plandaten aus der Angebotsphase mit den Istdaten aus der abschließenden Abnahme helfen dem Mitarbeiter in der Angebotsabteilung, die nächsten Angebote weitaus sicherer und besser zu gestalten. Mit diesem Prozess lässt sich ein erster Informations- und Erfahrungsaustausch im Hause institutionalisieren und umsetzen. Allerdings fehlt an dieser Stelle noch die Einbindung des Kunden, der dann beim späteren Betrieb der Anlage noch eine Menge an praktischen Erfahrungen sammelt. Diese wiederum würden den Wissensfundus für zukünftige Angebote noch einmal deutlich verbessern.

2.4 Wissensmanagement im Service

Neben dem Entwicklungsbereich, der für die neuen Produkte eines Unternehmens verantwortlich ist, bildet der Servicebereich die Stelle, die im Produkteinsatz die Intensität der Kundenbindung nachhaltig beeinflussen kann. Gerade im Maschinen- und Anlagenbau ist es eine Binsenweisheit, dass der Service die zweite Maschine verkauft. Dies beruht in erster Linie auf der Art und Weise, wie die Probleme der Kunden mit den Maschinen des Unternehmens aufgenommen, bearbeitet und gelöst werden.

Darüber hinaus bietet eine qualifizierte und gut organisierte Servicearbeit auch einen reichen Fundus an Ideen und Verbesserungsvorschlägen für bestehende oder neu zu entwickelnde Produkte und kann aber ebenso die aktuelle Arbeit der Servicemitarbeiter bei Problemlösungen vor Ort unterstützen.

Diese beiden Schwerpunkte sind letztlich der Schlüssel für eine erfolgreiche Servicearbeit. Gedankenansätze aus dem Wissensmanagement helfen, diese Arbeiten noch effektiver und nutzbringender zu gestalten.

Voraussetzung hierfür bildet eine klare und saubere Analyse nicht nur des gesamten Serviceprozesses an sich, sondern darüber hinaus auch seiner möglichen Einbindung in die anderen Bereiche des Unternehmens und der daraus resultierenden Auswirkung.

Die typische Situation für den Servicemitarbeiter im Maschinen- und Anlagenbau sieht in etwa wie folgt aus:

Der Kunde ruft den Service des Unternehmens XY an und schildert dem Servicemitarbeiter sein Problem, das sowohl mechanischer, elektrischer oder elektronischer Natur sein kann. Schlimmstenfalls ist das Problem eine Kombination mehrerer Disziplinen. Der Kunde erwartet in jedem Fall vom Servicemitarbeiter eine kompetente und schnelle Hilfe.

Und genau an dieser Stelle beginnen dann die Schwierigkeiten.

Zunächst muss das umfassende Wissen aus Mechanik, Elektrik, Elektronik, Pneumatik, Hydraulik und Software bei dem Mitarbeiter vorliegen, da er ja nicht im voraus weiß, welches Problem der Kunde gerade hat.

Sodann benötigt er schnellstmöglich alle Informationen über die Maschine des Kunden, über die letzten Probleme, die an dieser Maschine aufgetreten sind und nach Möglichkeit über ähnliche Problemfälle bei anderen Kunden.

Um all diese Informationen schnell und bedarfsgerecht zu erhalten, ist einerseits schon eine Vorleistung in der Konstruktion zu erbringen und andererseits ein entsprechend leistungsfähiger SW-Tool aufzubauen und einzurichten.

Praktisches Beispiel: Fehlerschlüssel

Der Service – insbesondere in der Investitionsgüterindustrie – ist eine zentrale Stelle im Unternehmen, in der eine Vielzahl von Informationen gesammelt werden. In erster Linie sind dies Informationen von Kunden über Maschinen, die nicht mehr funktionieren, deren Qualität eingeschränkt ist oder wo der Kunde irgendein anderes Problem mit der bei ihm im Einsatz befindlichen Maschine hat. Für diese Mängel werden dann Lösungen erarbeitet und umgesetzt, so dass der Kunde seine Anlage oder Maschine weiter verwenden und nutzen kann. Bei der Analyse des Problems wird in der Regel die Ursache des Problems gefunden und aufbauend auf dieser Diagnose die Maßnahme zur Behebung des Problems festgelegt. Der Service als zentrale Schaltstelle für diesen Prozess besitzt alle diese Informationen und damit einen ungeheuren Fundus an Wissen. Die Frage ist, was kann er oder besser was kann das Unternehmen damit machen?

In der Vergangenheit war der Service geprägt durch die Kernaufgabe, schnellstmöglich das Problem beim Kunden zu beheben. Die Situation war geprägt durch Termindruck, d.h. sobald ein Problem erledigt war, wurde das nächste angegriffen. Es bestand keine Zeit, Probleme und deren Lösungen systematisch für zukünftige Aktivitäten aufzubereiten.

Unter anderem durch die Aktivitäten mit dem Blick des Total Quality Management wurde erkannt, welche Auswirkungen eine systematische Aufbereitung und Nutzung dieser „Serviceinformationen" für das Unternehmen und den Kunden haben.

Basis für eine solche Analyse ist eine systematische Vorarbeit, deren Grundstein bereits in der Produktentwicklung gelegt wird. Der Kern dieser Vorarbeit ist die Definition eines Fehlerschlüssels, der hilft, die in der Praxis auftretenden Problemfälle zu gliedern und zu strukturieren. Dabei reicht es nicht aus, einen Fehlerschlüssel für ein Produkt zu formulieren und zu nutzen. Vielmehr liegt die Schwierigkeit bei der Entwicklung eines solchen Instrumentariums darin, dass er übergreifend für alle Produkte anwendbar sein muss.

Bild 2.10: Anforderungen an einen Fehlerschlüssel

Gleichzeitig darf aber bei der Auswertung die Individualität des Fehlers oder Mangels nicht verloren gehen.

Ein weiteres Kriterium bei der Entwicklung eines Fehlerschlüssels ist die Komplexität. Einerseits soll der Schlüssel möglichst viele verschiedene Fehler erfassen und identifizieren, andererseits muss das System auch praktisch handhabbar sein. Dabei sind dann vor allem die Belange der Werkstatt und des Service zu berücksichtigen, d.h. das System muss sowohl eindeutig und klar als auch leicht erlernbar und beherrschbar sein.

Weitere Aspekte, die bei der Definition eines solchen Fehlerschlüssels beachtet werden müssen, sind Vollständigkeit und die Analysefähigkeit. Natürlich soll das System möglichst alle eventuell auftretenden Fehler enthalten und beschreiben. Gleichzeitig muss jedoch auch die später notwendige Analysefähigkeit des Systems beachtet werden. Die einfachsten Analysen hier sind das Auswerten der Häufigkeit von Fehlern in Baugruppen und Maschinen. Weitere Analysen können z.B. typische Fehlerursachen suchen oder produktübergreifende, baugruppenbezogene Analysen sein. Auch die periodenbezogene Analyse von bestimmten Fehlern kann manchmal sehr wichtig und hilfreich sein. Alle diese Aspekte sind jedoch bereits bei der Definition eines Fehlerschlüssels zu berücksichtigen.

Ein letzter, ebenfalls nicht unwesentlicher Aspekt ist die Erweiterungsfähigkeit eines solchen Systems. Vernachlässigt man diesen Gesichtspunkt, so können im Laufe der Anwendung eines solchen Fehler-Klassifizierungssystems relativ schnell die Grenzen erreicht werden. Wenn dieser Zeitpunkt eintritt, ist eine weitere Verwendung nur noch unter Schwierigkeiten möglich und das System wird schnell von den Praktikern als nicht brauchbar abgelehnt und ausgemustert.

Wie sieht nun die konkrete Gestaltung eines solchen Fehlerschlüssels aus? Das Bild 2.11 zeigt die Struktur eines solchen Schlüssels, der für einen Werkzeugmaschinenhersteller entwickelt wurde.

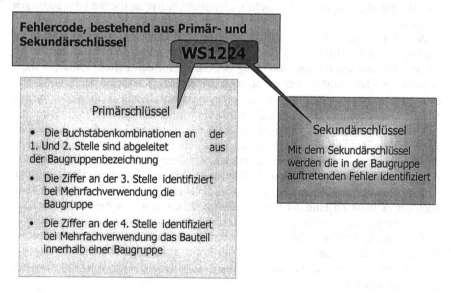

Bild 2.11: Struktur eines Fehlerschlüssels

Der Fehlercode besteht aus einem Primär- und Sekundärschlüssel. Der Primärschlüssel ist eine Buchstabenkombination, die aus der Bezeichnung der Baugruppe abgeleitet wurde. Die Ziffer an der 3. Stelle zeigt an, um welche Baugruppe es sich handelt, falls diese Baugruppe mehrfach verwendet wird. An der 4. Stelle hilft dann wieder eine Ziffer, das Bauteil innerhalb einer Baugruppe zu identifizieren, falls das Bauteil mehrfach in der Baugruppe vorkommt.

Ein Beispiel hierzu ist der Vorschubantrieb. Falls z.B. für x-, y-, und z-Achse in einem Bearbeitungszentrum die gleichen Antriebe verwendet werden, lassen sie sich mit dieser Nummerierung eindeutig erkennen.

Der Sekundärschlüssel ist eine fortlaufende Nummer von 01.....99, mit der der in der Baugruppe auftretende Fehler identifiziert wird. Dabei kann man natürlich auch gleichartige Fehler mit der gleichen Kennziffer belegen, so dass auch die Anwendung wiederum vereinfacht wird.

Eines der Hauptprobleme im vorliegenden Fall war neben der Strukturierung des Fehlercodes vor allem die Übernahme und Integration des Fehlerschlüssels, der bereits durch den Hersteller der Steuerung zur Erfassung von steuerungsspezifischen Fehlern mitgeliefert wird. Hier werden alle Fehler nochmals in der oben beschriebenen Systematik verschlüsselt. Die jetzt notwendige Referenzliste wird durch einen Verantwortlichen aus dem Bereich der Steuerungstechnik verwaltet und gepflegt. Als Beispiel ist in Bild 2.12 ein Auszug aus dem aktuellen Fehlerschlüssel dargestellt.

In der ersten Spalte sind die gültigen Fehlercodes gelistet. Die 2. Spalte enthält die zugeordneten Fehler - sofern vorhanden - des Steuerungslieferanten. Die 3. Spalte zeigt die Definition des Fehlers.

Aus dem Beispiel wird ebenfalls deutlich, dass der Fehlerschlüssel alle Fehler erfasst - gleichgültig ob mechanischen, elektrischen, hydraulischen oder sonstigen Ursprungs.

Neben den bisher diskutierten strukturellen Merkmalen bei der Definition eines Fehlercodes ist letztlich auch die Einführung, die Organisation und der konsequente Umgang mit diesem Werkzeug ein Garant für den Erfolg. Zunächst muss auch hier geklärt werden, wer ein solches Fehlerklassifizierungssystem nutzt, wer es mit Informationen versorgt, wer kann Analysen machen, wer pflegt das System etc. Im vorliegenden Fall wurden klare und eindeutige Zuordnungen gemacht:

Der Serviceleiter war zuständig für die Anwendung und den Input in die Datenbank. Bei ihm laufen naturgemäß die Serviceberichte und somit die Fehler und die zugehörigen Informationen zusammen. Insofern ist es seine Hauptaufgabe, diese Informationen nach kurzer Prüfung in das System einzustellen und dafür zu sorgen, dass alle Informationen auf dem aktuellsten Stand sind. Dazu gehört dann auch der aktuelle Zustand der Problemlösung, d. h. wie wurde das Problem gelöst, ist der Serviceeinsatz erledigt, welche Komplikationen gab es beim Einsatz usw..

Die Entwicklung und Konstruktion kann nun die zur Verfügung stehenden Informationen nutzen und analysieren. Hier können wichtige Impulse für Neuentwicklungen oder hilfreiche Informationen zur Vermeidung von Katastrophen gewonnen werden.

Maschinenverkleidung MV

MV__05		Türführungen defekt, lose oder verschlissen
MV__06		Türbetätigungselement defekt
MV__07		Blechteile verbogen oder defekt
MV__08	700 336	Schutzklappe WZM öffnet nicht
MV__09	700 337	Schutzklappe WZM schließt nicht
MV__10	700 338	Tür Werkstückbeschickung öffnet nicht
MV__11	700 339	Tür Werkstückbeschickung schließt nicht

ES_203		Funktionsfehler Vorschub Y	
ES_303		Funktionsfehler Vorschub Z	
ES_104	700 113	Fehler bei WZW-Positionsermittlung x-Achse	
ES_204		Fehler bei WZW-Positionsermittlung y-Achse	**Elektrische**
ES_304	700 114	Fehler bei WZW-Positionsermittlung z-Achse	**Steuerung ES**
ES_105	700 400	Fehler bei PLC-Positionierung x-Achse (FC18)	
ES_205	700 401	Fehler bei PLC-Positionierung y-Achse (FC18)	
ES_305	700 402	Fehler bei PLC-Positionierung z-Achse (FC18)	
ES_405	700 403	Fehler bei PLC-Positionierung e-Achse (FC18)	
ES_106	700 406	Fehler bei PLC-Positionierung A1-Achse (FC18)	

Bild 2.12: Auszug aus dem Fehlerschlüssel

Für die Pflege des Systems ist der Qualitätszirkel verantwortlich. Hier werden in regelmäßigen Abständen die aktuellen Probleme diskutiert und Maßnahmen zu deren Lösung festgelegt.

Im praktischen Einsatz hat sich der Fehlerschlüssel inzwischen bewährt. Dabei zeigte sich, dass für den Erfolg der konsequente Einsatz – vor allem am Anfang – absolut notwendig ist. Insbesondere in dieser Phase ist dies notwendig, da ja nur wenige Daten im System vorhanden sind und somit Analysen noch keine Aussagekraft haben. Erst mit wachsendem Datenbestand steigt der Nutzen eines solchen Systems in der Fehleranalyse.

2.5 Ausblick

Wissensmanagement ist ein sehr vielseitiges und facettenreiches Thema, zu dem bereits eine Vielzahl wissenschaftlicher Literatur veröffentlich wurde.

Insbesondere die abstrakte Darstellung dieses Themas ist sehr umfassend. Inzwischen sind allerdings auch viele praktische Anwendungen und konkrete realisierte Projekte in der Literatur beschrieben worden. Ganz ausgezeichnete Kurzdarstellungen realisierter Projekte zu allen möglichen Schwerpunkten innerhalb des Themas Wissensmanagement sind inzwischen auch über das Internet von verschiedenen Instituten zu erhalten.

Trotzdem zeigen sich in der praktischen Anwendung immer wieder Widerstände gegen diese Aktivitäten, die wohl in erster Linie auf die stark wissenschaftliche Ausprägung in den bisherigen Diskussionen und Veröffentlichungen zurückzuführen sind.

Unabhängig davon ist Wissensmanagement heute und noch stärker in der Zukunft eine wichtige und elementare Säule der Strategie erfolgreicher Unternehmen. Die eingangs genannten Beispiele haben dies verdeutlicht. Insbesondere vor dem Hintergrund der immer schnelleren Entwicklung von neuem Wissen gewinnt die Fähigkeit des Lernens eine immer größere Bedeutung im Unternehmen. Nicht umsonst wird an dieser Stelle der Begriff „Wissenskapital" immer häufig angewendet. Gemeint sind damit die Lernfähigkeit und vor allem die Fähigkeit, erlerntes Wissen zu nutzen und in erfolgreiche Produkte umzusetzen. Letztlich ist es das „Wissenskapital" eines Unternehmens, das an der Börse in Form entsprechender Aktienkurse durch den Anleger honoriert wird.

Des weiteren zeigt die Diskussion, dass die Umsetzung des „Wissensmanagements" in praktische Projekte und Erfolge nicht mit einfachen Standardlösungen machbar ist, sondern dass die Problemlösung für den Einzelfall erarbeitet und umgesetzt werden muss. Auch hier helfen dann teilweise die in den folgenden Kapiteln beschriebenen Methoden und Verfahren.

3 Methoden und Kreativitätstechniken in der Innovationsarbeit

Innovation ist der Schlüssel zum Erfolg für Unternehmen. Die wesentliche Basis dafür sind die Kreativität und die Innovationsleistung der Mitarbeiter. Mindestens gleich wichtig ist jedoch auch das Management des Innovationsprozesses durch entsprechend qualifizierte Methoden und Werkzeuge.

Heute existieren eine Vielzahl an Werkzeugen, die einerseits die Kreativität im Innovationsprozess unterstützen und andererseits Basis für eine systematische und zielorientierte Entwicklungsarbeit sind. Diese Werkzeuge können Kreativität auf keinen Fall ersetzen - aber richtig angewendet können sie die Kreativität in ausgezeichneter Weise unterstützen. Dieses gilt sowohl für das Suchen und Finden von Problemlösungen technischer Natur als auch bei der Moderation von Diskussionen zwischen Mitarbeitern, die z.T. sehr verschiedene Sichtweisen des Problems haben können.

Darüber hinaus helfen Methoden auch dabei, Probleme vollständig zu lösen. Der systematische Ansatz verlangt in der Regel nicht nur nach einer technischen Lösung, sondern stellt diese technische Lösung in Zusammenhang mit der Markt- und Wirtschaftlichkeitsfrage - ein Thema das in vielen Entwicklungsabteilungen immer noch sehr stiefmütterlich behandelt wird. Eine Innovation ist prinzipiell genau gleich zu behandeln und zu bewerten wie die Investition in eine Produktionsmittel und das richtige Verständnis für den Markt bzw. die „Stimme des Kunden" ist mindestens so wichtig für den Erfolg der Innovation wie die Innovation selbst.

Aus der Konsumgüterindustrie ist bekannt, dass hier sehr große Anstrengungen im Vorfeld einer Produktentwicklung unternommen werden, um die Marktbedürfnisse möglichst genau zu erfassen und zu beschreiben. Diese Mechanismen gelten heute in gleicher Weise für den Markt der Investitionsgüter. Letztlich gipfeln diese Untersuchungen alle in der Antwort auf die Frage: „Welche Nutzen hat der Kunde von der Entwicklung und was ist er bereit dafür zu bezahlen?"

Die sorgfältige Analyse dieser Fragestellung führt zwangsläufig dazu, dass die „Stimme des Kunden" klar erkannt wird und die richtigen Vorgaben für die Technik formuliert werden. Der eigentliche Entwicklungsprozess erhält einen anderen Inhalt und wird erheblich kürzer. Gleichzeitig bündelt er die verschiedensten Fachbereiche des Unternehmens in dem Entwicklungsprojekt und verhilft dabei zu mehr Transparenz über die Entwicklungsziele in allen Bereichen.

Bevor wir allerdings die unterschiedlichen Methoden, die Arbeitsweise mit den Methoden und die resultierenden Ergebnisse beschreiben sind noch einige Bemerkungen über wichtige Randbedingungen und Voraussetzungen für den Erfolg in der Anwendung der Methoden notwendig.

Ein wesentlicher Aspekt hierbei ist die Tatsache, dass Methoden in der Regel von mehreren Mitarbeitern eingesetzt und verwendet werden. Dies bedeutet, dass Team- oder Projektarbeit ein wesentlicher Schlüssel für den Erfolg ist. Gute Projektarbeit – und damit erfolgreiche Projekte – sind abhängig von gewissen formalen Randbedingungen und davon, dass die im Projekt miteinander agierenden Personen auch zueinander passen.

Die wesentlichen formalen Voraussetzungen für erfolgreiche Projektarbeit sind:

- eine klare Zielsetzung und Aufgabenstellung,

- eine klare Zuordnung von Verantwortung und Ressourcen und

- projektspezifische Randbedingungen.

Darüber hinaus müssen die Mitarbeiter und der Projektleiter bestimmte Eigenschaften besitzen, die sie als teamfähig auszeichnen. Dieses Profil ist nicht universell und allgemeingültig sondern wird sehr stark von dem Projektinhalt und der Aufgabenstellung bestimmt. Wichtige Kriterien lassen sich z.B. anhand der folgenden Fragen ermitteln [31]:

- Besitzen die Mitarbeiter Erfahrungen in der Projektarbeit?

- Haben sie die notwendige soziale Kompetenz?

- Ist die notwendige Methodenkompetenz vorhanden?

- Verfügen sie über das notwendige Fachwissen?

- Haben sie Zeit für das Projekt?

Diese Liste verdeutlicht, dass die Mitarbeiterauswahl sich an vielen Kriterien orientieren muss, die von den unterschiedlichsten Randbedingungen und Gegebenheiten geprägt werden und für jedes Projekt immer wieder neu geprüft und gewichtet werden muss.

Über die Strukturierung von Projekten und die formalen Prozeduren in der Projektarbeit gibt es eine Vielzahl von Literaturstellen [30, 32], so dass auf diese Themen hier nicht näher eingegangen werden soll. Allerdings soll der Aspekt des „konsequenten Arbeitens" noch einmal hervorgehoben werden.

Die konsequente Umsetzung und Realisierung von gesetzten Zielen im Rahmen eines Projektes ist die wesentliche Verantwortung des Projektleiters. Diese Kernaufgabe wurde von Deming [33] sehr anschaulich in einem sogenannten PDCA-Zyklus dargestellt (Bild 3.1).

Die Grundidee von Deming versucht die typischen menschlichen Schwächen durch die Anleitung zu systematischen und konsequenten Handeln zu beheben. Diese Philosophie kann dabei sowohl in einzelnen Projektschritten als auch übergreifend für gesamte Projekte eingesetzt werden.

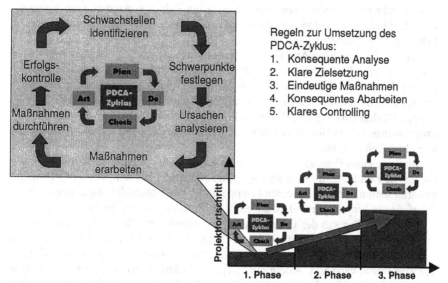

Regeln zur Umsetzung des
PDCA-Zyklus:
1. Konsequente Analyse
2. Klare Zielsetzung
3. Eindeutige Maßnahmen
4. Konsequentes Abarbeiten
5. Klares Controlling

Bild 3.1: Der PDCA-Zyklus nach Deming in der Projektarbeit

Der PDCA-Zyklus folgt dabei immer den gleichen Arbeitsstufen:

1. Plan

   Die Aufgabe wird beschrieben, Ziele werden messbar festgelegt und Maßnahmen definiert.

2. Do

   Die definierten Maßnahmen werden umgesetzt.

3. Check

   Die erzielten Ergebnisse werden dargestellt und überprüft; Vergleich mit den Zielsetzungen.

4. Act

   Überprüfen der Vollständigkeit, Entscheidungen über die weitere Vorgehensweise.

Zu Beginn der Arbeit mit dem PDCA-Zyklus gilt es zunächst, das Problem klar zu formulieren bzw. die Schwachstellen eindeutig zu definieren. In der Regel werden mehrere Schwachstellen gefunden so dass eine Konzentration auf die wichtigsten Schwerpunkte notwendig ist. Diese wiederum werden verschiedene Ursachen haben, zu deren Behebung geeignete Maßnahmen erarbeitet werden müssen. Das Umsetzen der Maßnahmen erfordert dann die klare Zuordnung von Ressourcen und Verantwortungen und letztlich die Kontrolle des Erfolgs.

Die Erfolgskontrolle beinhaltet bereits wieder den Beginn des nächsten PDCA-Zyklus, da durch die Konzentration auf die wichtigsten Schwerpunkte nicht alle

Ursachen behoben werden konnten. Im nächsten Zyklus können nun die weiteren Ursachen behoben werden oder es können völlig neue Aufgabenstellungen und Schwerpunkte entstehen.

Inhaltlich kann diese Arbeitsweise sowohl für die Arbeit an technischen Lösungen als auch für zeitliche Verfolgung eines Projektes eingesetzt werden. In diesem Zusammenhang soll auch noch einmal auf die Schwierigkeit der Projektarbeit mit dem „richtigen Augenmaß" hingewiesen werden. Wichtig ist es, ein Gespür für den Umfang und die Intensität der „formalen" Projektarbeit zu entwickeln. Anhand eines Beispiels soll verdeutlicht werden, welche Auswüchse sich hier einstellen können.

Im Zuge eines Projektes waren wir für einen größeren Automobilzulieferer tätig, der sehr viele Aufträge in Projektform abwickelt. Nachdem wir unser Projekt gestartet hatten, lernten wir einen Gruppenleiter des Unternehmens kennen, der ebenfalls ein Projekt parallel zu unserem als Projektleiter bearbeitete.

An diesem Tag saß der Gruppenleiter vor einem etwa DIN A0 großen Projektplan, auf dem alle Projektaufgaben und Details in Form von Bausteinen dargestellt waren. Auf diesem Plan war eine nicht zu überschauende Vielzahl von Aufgaben, Terminen usw. vermerkt. Allein die Pflege und Aktualisierung dieses Projektplans beansprucht den Mitarbeiter so sehr, dass er für die eigentliche Projektarbeit, d.h. für die Diskussion der Probleme und die Arbeit an deren Lösungen keine Zeit mehr hatte. Der Erfolg derartiger Projektarbeit ist mehr als fraglich.

Mit dieser Episode soll nochmals verdeutlicht werden, dass erfolgreiche Projektarbeit nicht durch das perfekte Umsetzen von Routinen, sondern durch konsequente Arbeit am Problem erzielt wird. Diese Blickweise gilt in gleicher Form für die nachfolgend beschriebenen Methoden.

3.1 Methoden in der Projektarbeit

Methoden können in verschiedenen Phasen des Entwicklungsprozesses (vgl. Bild 1.4.) eingesetzt werden.

Die Notwendigkeit, Methoden in der Entwicklungsarbeit einzusetzen, wurde bereits hinreichend diskutiert. Allerdings zeigt sich in der Praxis, dass trotz dieser Erkenntnis die Anwendung von systematischen Prozesses nur unzureichend ist. Eine Industriestudie [25] bestätigt dieses Faktum (Bild 3.2) untersucht wurde, wie hoch der Anteil der verwendeten Methoden in den befragten Firmen ist. Die Ergebnisse zeigen, dass selbst eine Marktanalyse in weniger als 50% der befragten Unternehmen systematisch und konsequent eingesetzt wird.

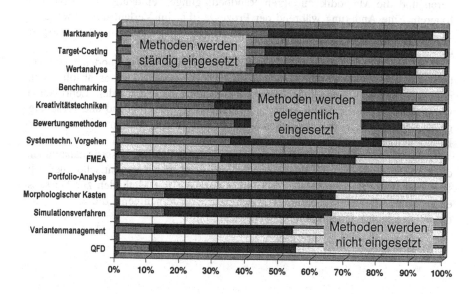

Bild 3.2: Einsatzhäufigkeit von Methoden in der Entwicklungsarbeit [25]

Die konsequente Anwendung von Methoden wie die Wertanalyse oder der FMEA sind noch deutlich niedriger und ein QFD-Prozess findet in 45 % der befragten Unternehmen überhaupt nicht statt. Offensichtlich reicht also die Erkenntnis in die Notwendigkeit der Methodenanwendung nicht aus, sondern es muss hier Überzeugungsarbeit, die die Vorteile einer solchen Arbeitsweise darstellt, geleistet werden. Dazu gehört auch die Schulung und Unterweisung in der Verwendung der Methode, da nur mit der entsprechenden Übung und Erfahrung die Vorteile genutzt werden können. Die große Gefahr besteht hier in einem sog. Negativerlebnis, wobei dann mit erheblichen Mehraufwand aufgrund mangelnder Praxis gar kein oder gar ein falsches Ergebnis mit der Methode erzielt wurde.

Daneben herrscht vielfach auch heute noch eine große Abneigung gegen Methoden vor, die auf mangelnde Schulung und Erfahrung im Umgang mit solchen Werkzeugen zurückzuführen ist. Auch dies soll mit einer Episode aus der Praxis belegt werden.

In einem Konstruktionsbüro fanden wir massive Vorbehalte gegen die FMEA. „Das kostet doch nur Zeit!" war das Hauptargument gegen die Anwendung. Da die Kunden allerdings auf einer FMEA bestanden, wurde eine Schulung durchgeführt und die ersten FMEA´s mit fremder Moderation erarbeitet. Nachdem die ersten praktischen Erfahrungen vorlagen und der Aufwand aufgrund des Trainings deutlich reduziert wurde, gewann auch die Einsicht die Oberhand, dass der Aufwand eigentlich gar nicht so groß ist und eine FMEA eigentlich sehr sinnvoll sei, weil man ja im Prinzip nur das dokumentiert, was man im Verlauf einer sorgfältigen Konstruktionsarbeit alles bedenken und betrachten muss.

Wichtig ist bei all diesen Anwendungen immer wieder, das Ziel klar zu formulieren und die Methodik mit ihren Randbedingungen eindeutig im Vorfeld zu fixieren. Eine Änderung während der Prozesse, d.h. im Verlauf der Anwendung einer Methode, ist nicht zulässig und führt in der Regel zu unbrauchbaren Ergebnissen.

Dazu gehört auch, dass die nachfolgend beschriebenen Methoden ganz oder teilweise miteinander kombiniert werden können. Genauso ist es absolut nicht notwendig, eine Methode vollständig und möglichst exakt mach dem Lehrbuch zu verwenden. Vielmehr ist die eigentliche Zielstellung entscheidend und ausschlaggebend dafür, welche der möglichen Methoden in welcher Varianz und in welcher Kombination zur effektiven Lösung des Problems eingesetzt wird.

Diese Einführung macht auch die Verwandtschaft zum Wissensmanagement deutlich. Nicht nur das Fachwissen selbst, sondern auch systematische, methodische und konsequente Arbeit, der richtige Umgang mit Methoden zur Wissensentwicklung sind eine wichtige Kompetenz des Unternehmens, die es im Sinne des Wissensmanagements weiter zu entwickeln gilt.

3.1.1 Quality function deployment (QFD)

Quality Function Deployment (kurz QFD genannt) ist eine in Japan entwickelte Methode, die das Festlegen von marktgerechten Produkteigenschaften in ausgezeichneter Weise unterstützt [1, 2, 3]. Die Methode kann in der Entwicklungsphase ebenso eingesetzt werden wie in den nachfolgenden Produktionsphasen bis hin zur Serienreife. Im Bild 3.3 ist der grundsätzliche Ablauf eines QFD-Prozesses schematisch dargestellt. Dabei erfolgt in jeder Stufe des Prozesses die gleiche Prozedur. Nachdem das „Was" festgelegt wurde wird ermittelt, „Wie" denn das „Was" realisiert werden kann. In der ersten Stufe bedeutet dies zu definieren, „Was" der Kunde eigentlich will.

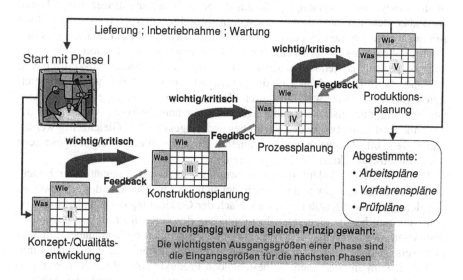

Bild 3.3: Prozessablauf des Quality Function Deployment

   Danach werden diese Kundenwünsche in technische Merkmale überführt und damit wird festgelegt, „Wie" die Kundenwünsche erfüllt werden. In der nächsten Stufe des QFD-Prozesses werden diese technischen Merkmale zum „Was" und die Frage lautet nun wieder für die Konstruktion: „Wie können wir die technischen Merkmale erfüllen?". Wenn diese Lösungen festgelegt sind wird dann in der Prozessplanung gefragt: „Wie können wir diese technischen Lösungen herstellen?". So kann diese Art der Fragestellung bis zur endgültigen Herstellung und Auslieferung des Produktes fortgesetzt werden.
   Ihre volle Stärke bringt die Methode jedoch hauptsächlich in der Entwicklungsphase zur Geltung, indem sie vor allem die „Übersetzung" von Kundenwünschen zu technischen Merkmalen des Produktes unterstützt und transparent macht. Sie hilft somit dem Entwicklungsingenieur, die technischen Eigenschaften eines

neuen Produktes im Hinblick auf die Erfüllung der Kundenwünsche richtig einzuschätzen und zu verstehen.

Die Anwendung des QFD ist also ein mehrstufiger Prozess. Die einzelnen Prozessstufen werden nachfolgend anhand des Bildes erläutert.

Phase 1: Bestimmung der Kundenforderungen

Am Anfang des QFD-Prozesses steht die Bestimmung der Kundenforderungen. Diese lassen sich auf unterschiedlichste Art und Weise ermitteln. Sowohl durch die direkte Kundenbefragung als auch durch Informationen aus dem Vertrieb können hier die notwendigen Daten gesammelt und aufbereitet werden. Hier lassen sich natürlich auch Methoden des Marketing einsetzen wie z.B. gezielte Kundeninterviews mit Fragebögen, Mailingaktionen, Telefonumfragen usw.. Damit wird auch deutlich, dass diese Informationssammlung und –aufbereitung zeitlich sehr aufwendig werden kann. Bestimmend dafür sind der Markt und das Produkt, das im Rahmen des Projektes entwickelt oder überarbeitet werden soll.

Entscheidend ist jedoch in dieser Phase der Dialog zwischen Vertrieb und Technik, da im Dialog dann auch die jeweilige Position und Sichtweise der Beteiligten gegenseitig klar wird. In dieser Phase werden die Argumente und Fakten ausgetauscht und diskutiert und tragen so zu einem besseren Verständnis der Technik für die Sichtweise des Vertriebes und umgekehrt bei. Gleichzeitig werden damit wertvolle Hinweise und Argumente für die späteren Verkaufsgespräche über das neu entwickelte Produkt gewonnen.

Die ermittelten Kundenforderungen werden geordnet und gemäß ihrer Bedeutung für den Kunden gewichtet. Hier bietet sich z.B. die Methode des „Paarweisen Vergleiches" (siehe Kapitel 3.1.2) an. Nach der Gewichtung der Kundenforderungen kann nun bereits eine erste Positionierung des eigenen Produktes gegenüber dem Wettbewerb durchgeführt werden. Diese Positionierung kann dabei durchaus zwei verschiedene Zielsetzungen verfolgen, die jedoch beide für das Projekt sinnvoll sind. Zum einen können die bestehenden Produkte anhand der Kundenforderungen im Vergleich zum Wettbewerb bewertet werden. Die einfache Analyse, welche Kundenforderungen man besser, gleich gut oder schlechter als der Wettbewerb erfüllt, zeigt schnell die bisherigen Stärken und Schwächen. Zum zweiten kann dann die Position des neuen Produktes in gleicher Weise im Vergleich zum Wettbewerb bestimmt werden. Beide Aktionen liefern wertvolle Hinweise und Argumente für den Vertrieb, um in Diskussionen mit Kunden die Stärken und Schwächen des eigenen Produktes im Vergleich zum Wettbewerb richtig heraus zu arbeiten und zu betonen.

Mit dem Abschluss der ersten Phase ist ein wichtiger Schritt für die Entwicklung geleistet worden, da nun ein klares Marktprofil für das zu entwickelnde neue Produkt vorliegt.

Die gesammelten Kundenwünsche werden nun in die linke Spalte des „House of Quality" (Bild 3.4) eingetragen (vertikale Leiste links).

Phase 2: Konzept-/ Qualitätsentwicklung

1. Schritt: Entwicklung der technischen Merkmale

In einem ersten Schritt dieser Phase 2 werden nun für die definierten Kundenforderungen die technischen Merkmale spezifiziert und in das Chart eingearbeitet (horizontale Leiste oben). Auch hier helfen Methoden wie z.B. das Brainstorming. Der Erfüllungsgrad der Kundenwünsche durch die technischen Merkmale wird bewertet und eingetragen. Mit dieser Bewertung soll die „Stärke" der einzelnen technischen Merkmale verdeutlicht werden. Dabei kann durchaus ein technisches Merkmal zur Erfüllung mehrerer Kundenwünsche beitragen und es kann ebenso ein Kundenwunsch durch mehrere technische Merkmale erfüllt werden. Starke technische Merkmale haben eine entsprechend große Bedeutung für einzelne Kundenwünsche und wirken darüber hinaus auch auf mehrere Kundenwünsche. Demgegenüber zeigen schwache Merkmale keine Bedeutung für die Kundenwünsche.

Die Bedeutung des technischen Merkmales lässt sich dann durch die Addition der Produkte aus Erfüllungsgrad und Gewichtung des Kundenwunsches abschätzen. Damit kann dann auch bestimmt werden, ob der Entwicklungsaufwand für ein schwierig herzustellendes Produkt oder Produktmerkmal gerechtfertigt ist.

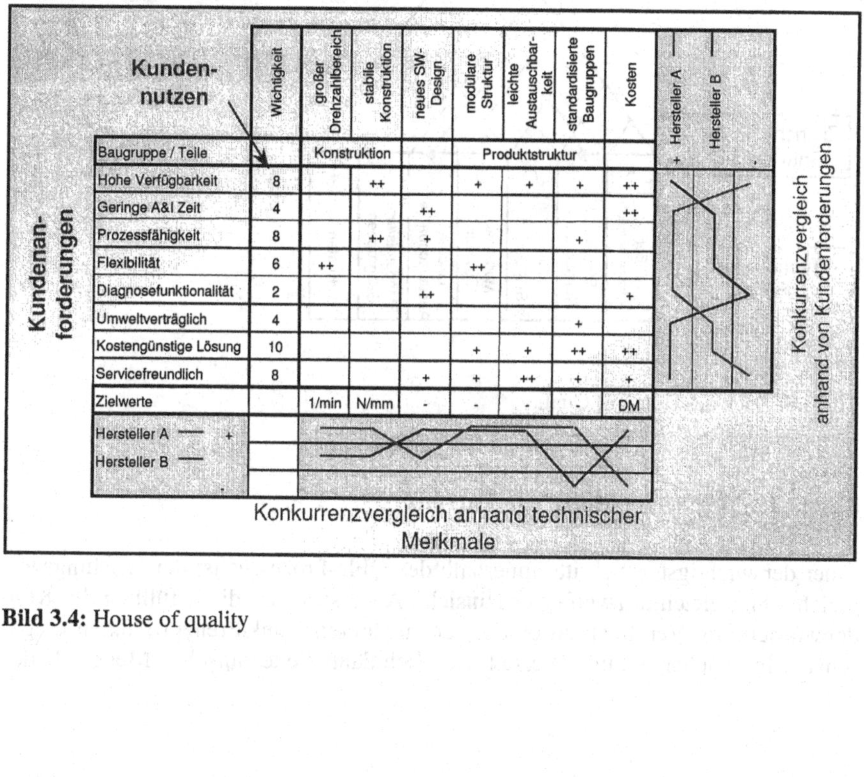

Kunden-nutzen	Wichtigkeit	großer Drehzahlbereich	stabile Konstruktion	neues SW-Design	modulare Struktur	leichte Austauschbarkeit	standardisierte Baugruppen	Kosten	Hersteller A	Hersteller B
Baugruppe / Teile		Konstruktion			Produktstruktur					
Hohe Verfügbarkeit	8		++		+	+	+	++		
Geringe A&I Zeit	4			++				++		
Prozessfähigkeit	8		++	+			+			
Flexibilität	6	++			++					
Diagnosefunktionalität	2			++				+		
Umweltverträglich	4						+			
Kostengünstige Lösung	10				+	+	++	++		
Servicefreundlich	8			+	+	++	+	+		
Zielwerte	1/min	N/mm	-	-	-	-	DM			

Hersteller A — +
Hersteller B —

Konkurrenzvergleich anhand von Kundenforderungen

Konkurrenzvergleich anhand technischer Merkmale

Bild 3.4: House of quality

2. Schritt: Definition der Zielgrößen

In diesem Schritt des QFD-Prozesses werden markante Eigenschaften der technischen Merkmale spezifiziert und die bevorzugte Variationsrichtung des Merkmales festlegt. Hier wird die Entwicklungsrichtung entsprechend der Maxime „Je kleiner, desto besser" oder „Je größer, desto besser" festgelegt.

Auf Basis der Erfahrungen der beteiligten Mitarbeiter wird der Schwierigkeitsgrad ermittelt, der bei der Realisierung des Produktmerkmales zu erwarten sein wird.

Dabei wird auch untersucht, welche Beziehungen sich zwischen den einzelnen technischen Merkmalen ergeben. Hier werden die sich widersprechenden Eigenschaften markiert und die Entwicklungsrichtung fixiert. Hieraus ergeben sich wertvolle Hinweise darauf, ob die gewählten technischen Merkmale zu einer sinnvollen technischen Lösung führen oder ob zu diesem Zeitpunkt bereits so viele Kompromisse geschlossen wurden, dass die technische Lösung verworfen werden sollte. Diese Abhängigkeiten zwischen technischen Merkmalen sowie die Zielrichtung der Entwicklungsanstrengungen werden im Dach des „House of Quality" (Bild 3.5) abgebildet.

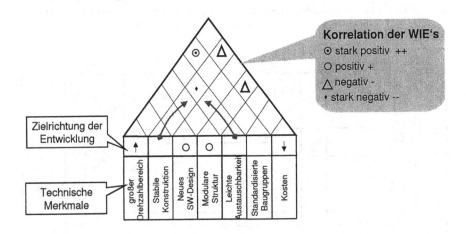

Bild 3.5: Dach des House of Quality

3. Schritt: Vergleich mit der Konkurrenz

Einer der wichtigsten Schritte innerhalb des QFD-Prozesses ist der Leistungsvergleich – hier gleich in zweifacher Hinsicht. Als erstes wird die Erfüllung der Kundenwünsche im Vergleich zu einem oder mehreren Konkurrenzprodukten eingeschätzt. In gleicher Art und Weise lassen sich dann die technischen Merkmale des

Produktes im Vergleich zur Konkurrenz einordnen. Dabei können ebenfalls mehrere Produkte verschiedener Konkurrenten berücksichtigt werden.

Wie bereits erwähnt liegt die besondere Stärke der QFD-Methode bei der Anwendung in der Entwicklungsphase neuer Produkte. Die Methode hilft insbesonders den Dialog zwischen Vertrieb / Markt und Entwicklung / Technik zu versachlichen und zu konkretisieren.

Üblicherweise werden ca. 70% aller QFD-Prozesse nach dieser Phase abgebrochen, da die wichtigsten Ziele erreicht wurden, nämlich:

- die klare Formulierung der Marktbedürfnisse und

- die Umsetzung in ein technisches Grundkonzept.

Auf dieser Basis kann nun ein Pflichtenheft für die Produktentwicklung formuliert werden. Für die noch folgenden Phasen III - V des Produktentstehungsprozesses bieten sich neben der QFD-Methode eine Vielzahl von Alternativen an, die häufig in der jeweiligen Prozessphase zu besseren Ergebnissen führen.

QFD ist nicht nur eine vorwärtsgerichtete Methode, die den Entwicklungsprozess in ausgezeichneter Weise unterstützt, sondern auch ein hervorragendes Hilfsmittel, um die Ergebnisse der wichtigen Prozessphasen I und II als eine solide Basis für eine gute und effiziente Marketingarbeit aufzubereiten.

Praktisches Beispiel: Benchmarking in einem Entwicklungsprojekt

Die QFD-Methodik ist in ihrer Anwendung in keinster Weise beschränkt auf eine bestimmt Komplexität des zu untersuchenden Objektes. Sie lässt sich bei relativ einfachen Konsumgütern wie Kugelschreibern genauso gut anwenden wie bei hochkomplexen Investitionsgütern wie Werkzeugmaschinen oder Kraftwerksturbinen.

Nachfolgend soll am Beispiel des Schrittes „Wettbewerbsvergleich" die Wichtigkeit und die Wirksamkeit des QFD-Prozesses im Rahmen eines Entwicklungsprojektes für eine neue, recht komplexe Werkzeugmaschine verdeutlicht werden. Nachdem zunächst im Vorfeld der Untersuchung die Marktanforderungen erfasst und beschrieben waren, galt es nun, die korrespondierenden technischen Eigenschaften zu fixieren und zu bewerten. Mit Hilfe des Paarweisen Vergleichs wurde die Wichtigkeit dieser Merkmale ermittelt (siehe Beispiel Kap.3.1.2).

Daran anschließend erfolgte dann die Bewertung des neu zu entwickelnden Produktes im Vergleich zu den vorhandenen Maschinen des Wettbewerbs (Bild 3.6)

Die Wichtigkeit der einzelnen Merkmale ist in der ersten Spalte vermerkt. Produkt A stellt die Neuentwicklung dar und bildet somit die Referenz. Aus diesem Grunde wird hier jede Eigenschaft mit 1 bewertet, was letztlich zu der Gesamtpunktzahl von 62 führt.

Im folgenden wird nun verglichen, ob die Eigenschaften der Wettbewerbsprodukte besser (=2), schlechter (=0) oder genau so gut wie das eigene Produkt (=1) sind. Die sich dann ergebende Punktzahl führt zu einem klaren Ranking der Produkte.

Technische Eigenschaften	Wichtig-keit	Produkt A		Produkt B		Produkt C		Produkt D		Produkt E	
		Bew.	Punkte	Bew.	Punkte	Bew.	Punkte	Bew.	Punkte	Bew.	Punkte
max. Werkstückdurchm.	5	1	5	1	5	0	0	2	10	2	10
max. Werstücklänge	2	1	2	0	0	2	4	2	4	1	2
max. Axialweg	4	1	4	2	8	0	0	1	4	1	4
Shiftweg	4	1	4	2	8	0	0	0	0	0	0
Tischdrehzahl	3	1	3	1	3	2	6	0	0	2	6
max. Fräskopfantriebsl.	3	1	3	0	0	0	0	0	0	0	0
Fräserdrehzahl	3	1	3	1	3	1	3	0	0	1	3
Platz	3	1	3	2	6	0	0	2	6	0	0
max. Vorschubgeschw.	3	1	3	2	6	1	3	1	3	0	0
Werkstückwechselzeit	4	1	4	0	0	1	4	0	0	0	0
Automatsierung	3	1	3	0	0	1	3	0	0	0	0
Systempreis	3	1	3	1	3	1	3	2	6	0	0
Temperatustabilität	4	1	4	1	4	0	0	0	0	1	4
Steifigkeit	4	1	4	1	4	1	4	0	0	2	8
Steif. d. Tischantr.	3	1	3	0	0	0	0	0	0	0	0
Steif. d. Fräskopfantr.	3	1	3	0	0	1	3	0	0	0	0
Flexibilität	2	1	2	2	4	2	4	2	4	2	4
Späneentsorgung	1	1	1	1	1	0	0	0	0	0	0
Wartungsfreundlichkeit	2	1	2	2	4	1	2	0	0	2	4
Steuerung	3	1	3	0	0	2	6	0	0	0	0
Total			62		59		45		37		45

Bild 3.6: Wettbewerbsvergleich der technischen Eigenschaften

Für den Vertrieb ergeben sich aus diesem Vergleich wieder wichtige Argumente für das Verkaufsgespräch beim Kunden und die Mitarbeiter aus Entwicklung und Konstruktion haben ebenfalls eine klare Positionierung der technischen Eigenschaften.

Durch die strenge Systematik werden die Beteiligten darüber hinaus gezwungen, die Eigenschaften der Wettbewerbsprodukte so genau wie möglich zu erfassen und zu bewerten. Letztlich steigert dies die Kompetenz in Vertrieb und Entwicklung gegenüber dem Kunden und führt somit unmittelbar zum Erfolg.

3.1.2 Paarweiser Vergleich

Einer der schwierigsten Prozesse ist die klare und eindeutige Priorisierung von Merkmalen oder Eigenschaften von Produkten oder Leistungen. Insbesondere wenn z.B. mehrere Mitarbeiter aus dem Vertrieb und der Technik eine gemeinsame Bewertung der Kundenwünsche erarbeiten sollen. Dabei hat natürlich jeder verschiedene Schwerpunkte, die aus seiner Sicht durchaus akzeptabel und richtig sind. Eine solche Diskussion kann durchaus sehr zeitintensiv sein und zu einem Ergebnis führen, dass letztlich nicht von allen getragen wird.

Die Methode des Paarweisen Vergleichs dient nun dazu, eine Vielzahl von Eigenschaften oder Merkmalen eines Produktes oder einer Leistung in eine klare Prioritätenreihenfolge zu bringen. Hierzu werden alle relevanten Merkmale in der ersten Spalte und in der ersten Zeile einer Matrix notiert (Bild 3.7).

	Merkmal 1	Merkmal 2	Merkmal 3	Merkmal 4	Merkmal 5	Merkmal 6	Merkmal 7	Merkmal 8	Merkmal 9	Merkmal 10	Merkmal 11	Merkmal 12	Merkmal 13	Merkmal 14	Merkmal 15	Merkmal 16	Merkmal 17	Merkmal 18	Merkmal 19	Merkmal 20	Ergebnis
Merkmal 1		1	1	1	1	1	1	1	1	1	1	1	1	1	1	1	1	1	1	1	19
Merkmal 2	5		1	1	1	1	1	1	1	1	1	1	1	1	1	1	1	1	1	1	23
Merkmal 3	5	5		1	1	1	1	1	1	1	1	1	1	1	1	1	1	1	1	1	27
Merkmal 4	5	5	5		1	1	1	1	1	1	1	1	1	1	1	1	1	1	1	1	31
Merkmal 5	5	5	5	5		1	1	1	1	1	1	1	1	1	1	1	1	1	1	1	35
Merkmal 6	5	5	5	5	5		1	1	1	1	1	1	1	1	1	1	1	1	1	1	39
Merkmal 7	5	5	5	5	5	5		1	1	1	1	1	1	1	1	1	1	1	1	1	43
Merkmal 8	5	5	5	5	5	5	5		3	3	3	3	3	3	3	3	3	3	3	3	71
Merkmal 9	5	5	5	5	5	5	5	3		1	1	1	1	1	1	1	1	1	1	1	49
Merkmal 10	5	5	5	5	5	5	5	3	5		1	1	1	3	1	1	1	1	1	1	55
Merkmal 11	5	5	5	5	5	5	5	3	5	5		1	1	5	1	1	1	1	1	1	61
Merkmal 12	5	5	5	5	5	5	5	3	5	5	5		1	1	1	1	1	1	1	1	61
Merkmal 13	5	5	5	5	5	5	5	3	5	5	5	5		1	1	1	1	1	1	1	65
Merkmal 14	5	5	5	5	5	5	5	3	5	3	1	5	5		1	1	1	1	1	1	63
Merkmal 15	5	5	5	5	5	5	5	3	5	5	5	5	5	5		1	1	1	1	1	73
Merkmal 16	5	5	5	5	5	5	5	3	5	5	5	5	5	5	5		1	1	1	1	77
Merkmal 17	5	5	5	5	5	5	5	3	5	5	5	5	5	5	5	5		1	1	1	81
Merkmal 18	5	5	5	5	5	5	5	3	5	5	5	5	5	5	5	5	5		1	1	85
Merkmal 19	5	5	5	5	5	5	5	3	5	5	5	5	5	5	5	5	5	5		1	89
Merkmal 20	5	5	5	5	5	5	5	3	5	5	5	5	5	5	5	5	5	5	5		93

Das Merkmal in der vertikalen Liste ist besser (5), gleich (3) schlechter (1) als das Merkmal in der horizontalen Liste

Bild 3.7: Matrix für den Paarweisen Vergleich

Anschließend wird jedes Merkmal der Spalte (vertikale Liste) mit jedem Merkmal der Zeile (horizontale Liste) verglichen und es wird bewertet, ob das Merkmal besser (5), gleich (3) oder schlechter (1) als das Merkmal aus der Zeile ist. Aufgrund dieser Systematik wird die Hauptdiagonale der Matrix nicht besetzt. Die Beurteilung wird in dem rechten oberen Dreieck der Matrix notiert, wobei bedingt durch die Systematik in dem linken unteren Dreieck der Matrix die Bewertung automatisch als invertierter Wert erzeugt wird.

Die zeilenweise Summation der Beurteilungen bewertet die Rangfolge der einzelnen Merkmale eindeutig. Für die weitere Verwendung z.B. in einem QFD-

Prozess lassen sich nun Klassen mit Wertigkeiten definieren. Zum Beispiel kann die Wertigkeit so definiert werden, dass alle Merkmale mit der Punktezahl innerhalb einer Dekade die gleiche Wertigkeit erhalten. Also alle Merkmale, die eine Punktezahl zwischen 80 und 89 haben erhalten die Wertigkeit 8 usw..

Der wesentliche Vorteil der Methode des Paarweisen Vergleichs liegt in der strengen Systematik, die insbesondere bei der Anwendung in Gruppen mit divergierenden Meinungen (z.B. Konstruktion und Vertrieb) sehr effektiv zu Lösungen führt, die von allen Beteiligten nachvollziehbar sind und akzeptiert werden.

Praktisches Beispiel: Bestimmung der Wichtigkeit von Produkteigenschaften aus Sicht des Kunden

Eine schwierige Situation im Rahmen eines QFD-Prozess ist die Bewertung und Priorisierung der Kundenmerkmale. Die Diskussion um die Wichtigkeit der einzelnen Eigenschaften wächst mit der Anzahl der Beteiligten ins Unermessliche. Dabei hat natürlich jeder treffliche Argumente, warum ausgerechnet die von ihm bevorzugten Produktmerkmale die wichtigsten sind und mit der höchsten Priorität versehen werden müssen. Solche Diskussionen sind in der Regel nicht nur sehr spannungsgeladen, sondern führen darüber hinaus auch nicht zum Ziel. Es sei denn, die Prioritäten werden durch eine Führungskraft entschieden - dann steht aber die Mannschaft nicht hinter dem Ergebnis.

Bild 3.8: Anforderungen an eine neue Maschine

Mit Hilfe der Methode des Paarweisen Vergleichs lässt sich das Ergebnis jedoch relativ klar, schnell und eindeutig so ermitteln, dass es anschließend auch von allen akzeptiert und getragen wird.

In einem Entwicklungsprojekt für eine neue Generation von Werkzeugmaschinen wurden zunächst die Marktforderungen gesammelt.

Im Bild sind alle Eigenschaften zusammengetragen, die sich aufgrund der internen Diskussionen und der Gespräche mit den Kunden als wichtige und kaufentscheidende Eigenschaften bzw. Argumente für eine neue Maschine ergeben haben.

In der nun folgenden technischen Diskussion zeigt sich schnell, dass diese Merkmale nicht alle gleich gut erfüllt werden können. Einzelne Merkmale verhalten sich völlig konträr zueinander, so dass hier Kompromisslösungen gefunden oder aber klare und eindeutige Prioritäten gesetzt werden müssen.

In diesem Abschnitt des QFD-Prozesses hilft der Paarweise Vergleich, die Diskussionen erheblich zu kürzen und zu einem zuverlässigen Ergebnis zu führen.

Das Beispiel in Bild 3.9 zeigt das Ergebnis einer solchen Bewertung, die während der Diskussion der technischen Merkmale im Rahmen des QFD-Prozesses durchgeführt wurde.

Projekt: Neue Werkzeugmaschine	max. Werkstückdurchm.	max. Werkstücklänge	max. Axialweg	Stiftweg	Tischdrehzahl	max. Fräskopfantriebsl.	max. Fräserdrehzahl	Platz	max. Vorschubgeschw.	Werkstückwechselzeit	Automation	Systempreis	Temperaturstabilität	Steifigkeit	Steifigk. d. Tischantr.	Steifigk. d. Fräskopfantr.	Flexibilität	Späneentsorgung	Wartungsfreundlichkeit	Steuerung	Ergebnis	Wichtigkeit
max. Werkstückdurchm.		5	5	5	5	5	5	5	3	5	3	3	3	3	3	3	5	5	5	5	83	8
max. Werkstücklänge	1		1	1	1	1	1	1	3	3	1	1	1	1	1	3	5	3	1		31	2
max. Axialweg	1	5		5	3	3	5	1	5	5	3	3	3	3	3	5	5	5	3		69	7
Stiftweg	1	5	1		3	3	3	5	3	3	3	3	3	3	3	5	5	5	3		65	6
Tischdrehzahl	1	5	3	3		3	3	3	3	3	1	1	1	1	3	5	5	5	3		55	5
max. Fräskopfantriebsl.	1	5	3	3	3		3	5	3	1	1	1	1	1	3	5	5	5	3		55	5
Fräserdrehzahl	1	5	3	3	3	3		3	3	1	3	1	1	1	3	5	5	5	3		55	5
Platz	1	5	1	1	3	1	3		3	1	3	1	1	3	5	3	5	3			49	5
max. Vorschubgeschw.	1	5	5	1	3	3	3	3		3	3	1	1	5	5	3	5	3			61	6
Werkstückwechselzeit	3	3	1	3	5	5	5	3	3		3	1	1	3	5	1	5	3			59	6
Automation	1	3	1	3	5	5	3	3	3	3		1	1	3	5	1	5	3			55	5
Systempreis	3	5	3	5	5	5	3	3	3	3			1	1	3	5	1	5	3		63	6
Temperaturstabilität	3	5	3	3	5	5	5	5	5	5	5		3	3	3	3	3	3	5		77	8
Steifigkeit	3	5	5	5	5	5	5	5	5	5	5	3		3	3	3	3	3	5		77	8
Steifigk. d. Tischantr.	3	5	3	3	3	3	3	3	1	3	3	3	3		3	5	5	3			61	6
Steifigk. d. Fräskopfantr.	3	5	3	3	3	3	3	3	1	3	3	3	3	3		5	5	3			61	6
Flexibilität	1	3	1	1	1	1	1	1	1	3	3	1				5	3	1			31	2
Späneentsorgung	1	1	1	1	1	1	1	3	3	5	5	5	3	1	1	1			1	1	39	3
Wartungsfreundlichkeit	1	3	1	1	1	1	1	1	1	1	1	3	3	3	3	5		1			35	3
Steuerung	1	5	3	3	3	3	3	3	3	3	3	1	1	3	3	5	5	5			59	6

Parameter in der vertikalen Liste sind schlechter (1), gleich (3) oder besser (5) als die Parameter in der horizontalen Liste

Bild 3.9 Ergebnis des Paarweisen Vergleiches im Rahmen eines QFD-Prozesses

Die konsequente und methodische Vorgehensweise führt hier recht schnell zum Erfolg, nämlich einer Priorisierung der aus Kundensicht wichtigsten Beurteilungskriterien für die Beschaffung einer neuen Maschine.

3.1.3 Ishikawa Diagramm

Das Ishikawa- oder Ursache-Wirkungs-Diagramm ist ein sehr wirkungsvolle Methode zur Behebung von Problemen z.B. in Produktionsprozessen. Sie eignet sich aber genauso gut zur Darstellung funktionaler Zusammenhänge in der Entwicklungsarbeit und unterstützt beispielsweise die analysierende Arbeit im Verlauf einer FMEA (siehe Kap. 3.1.8)

Das Ishikawa-Diagramm dient dazu, den Zusammenhang zwischen allen möglichen Ursachen und der Wirkung von Einzel- oder Mehrfachereignissen systematisch aufzubereiten und darzustellen. Das Bild 3.10 zeigt eine typische Darstellung des Ishikawa-Diagramms in Fischgrätform.

Das Ishikawa-Diagramm kann bei der Fehlersuche in komplexen Problemstellungen oder zur Darstellung von Einflüssen auf Prozessabläufe eingesetzt werden.

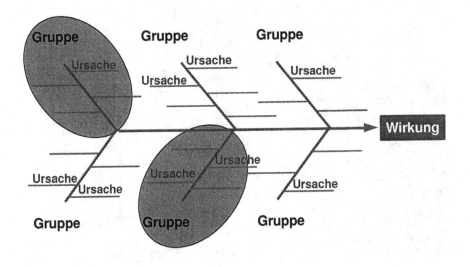

Bild 3.10: Ishikawa - Diagramm

Die einzelnen möglichen Ursachen eines Problems werden dann z.B. im Rahmen eines Brainstorming gesammelt und an der Fischgrätstruktur aufgelistet. Dabei ist es im Bedarfsfall durchaus möglich und sinnvoll, die Ursachen in einzelne Gruppen zu sortieren. Z.B. können für einzelne Probleme die Ursachen im menschlichen, im technischen oder in anderen Bereichen liegen.

Voraussetzung für die Anwendung der Methode ist, dass das Problem klar und eindeutig definiert ist. Zur Strukturierung des Problems empfiehlt sich die Anwendung von Karten.

Nach der Erstellung des Ishikawa-Diagramms können die Ursachen dann systematisch und vollständig mit Hilfe einer To-do Liste abgearbeitet werden.

Der Vorteil dieser Methode liegt in der vollständigen Auflistung aller Ursachen und Einflüsse. Des weiteren ist die Methode sehr gut zur Anwendung auch in größeren Gruppen geeignet, wodurch dann gleichzeitig ein hoher Kommunikations- und Informationsgrad aller Beteiligten erzielt wird. Nachteilig ist die begrenzte Anwendung bei unübersichtlichen und komplexen Problemen. Des weiteren fehlt die Bewertung bzw. Gewichtung der einzelnen Ursachen. Dieser Mangel kann durch die Kombination des Ishikawa-Diagramms mit der Methode des Paarweisen Vergleichs ausgeglichen werden.

Praktisches Beispiel: Das Ishikawa-Diagramm als Basis für eine Produktionsprozessoptimierung

Produktionsprozesse, insbesondere solche in der Automobilindustrie, sind gekennzeichnet durch eine recht hohe Komplexität. Dies bedeutet, dass bei einer Analyse des Prozesses mit dem Ziel, die Produktivität zu steigern, eine Vielzahl unterschiedlicher Einflussfaktoren zu erfassen und zu gewichten sind. Voraussetzung dafür ist zunächst eine transparente Darstellung aller möglichen Einflussgrößen, z.B. mit Hilfe eines Ursache-Wirkungs-Diagramms nach Bild 3.11.

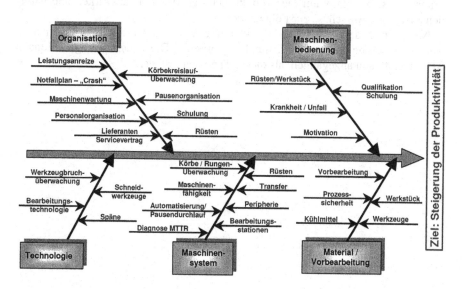

Bild 3.11: Ursache-Wirkungs-Diagramm zur Produktivitätssteigerung

Im Rahmen eines Optimierungsprozesses sollte die Produktivität einer Produktionsanlage untersucht werden.

Dazu wurden in einem Brainstorming zu Beginn des Projektes zunächst alle möglichen Ursachen gesammelt, die sich negativ auf die Produktivität des Systems auswirken. Diese Merkmale wurden anschließend in den fünf Gruppen Organisation, Maschinenbedienung, Technologie, Maschinensystem und Material/Vorbereitung geclustert.

Mit dieser Vorbereitung ist ein systematischer und transparenter Überblick geschaffen, der die nun folgende Projektarbeit gut unterstützt. Es wird deutlich, dass zur Lösung der Problemstellung nicht alle Problemfelder gleichzeitig bearbeitet werden können. Vielmehr muss eine Auswahl getroffen werden, wie möglichst kurzfristig ein maximaler Erfolg erzielt werden kann.

An dieser Stelle wird auch die positive Wirkung der Methode deutlich, nämlich dass alle Beteiligten gleiches Wissen über die Probleme haben und nun gemeinsam eine Entscheidung über die Prioritäten für die kommenden Aktivitäten fällen.

Zur objektiven Bewertung der einzelnen Problemfelder kann z.B. eine Auswertung des Ausfallursachenstatistik hilfreich sein. Im vorliegenden Fall zeigte sich, dass die mit Abstand bedeutendste Ursache für Maschinenstillstände ein Versagen der Körbe war, die zum Werkstücktransport verwendet werden. In diesen Körben werden die Werkstücke transportiert und die Körbe werden gleichfalls von der Maschinenautomation zum Werkstückhandling verwendet. Ist ein Korb verbogen oder defekt, so wird der automatische Ablauf in der Maschine derart gestört, dass aufwendige und zeitintensive Reparaturen notwendig sind. Dies sind Stillstandszeiten, die sich negativ auf die Produktivität der Maschine auswirken und natürlich auch noch Ausschuss zur Folge haben.

Nachdem diese Zusammenhänge klar waren, wurde mit höchster Priorität an der Verbesserung dieses Problemfeldes gearbeitet. Die anderen Fragestellungen wurden erst dann angegangen, als dieses Thema gelöst war.

3.1.4 Mind-Mapping

Gedanken oder Ideen sammeln und strukturieren ist eine der wichtigsten Aufgaben im Verlauf eines Entwicklungsprozesses. Im vorigen Abschnitt haben wir mit dem Ishikawa- oder Fischgrät-Diagramm ein mögliches Hilfsmittel zur Lösung eines derartigen Problems kennen gelernt. Die Mind-Map (wörtlich übersetzt: Gedanken- Landkarte) greift diesen Grundgedanken der gegliederten Darstellung in etwas anderer Form auf (Bild 3.12). Während das Ishikawa-Diagramm eher an einen Prozess erinnert ist die Darstellung der Mind-Map primär problemorientiert oder besserzentriert. Das Problem wird als Thema in die Mitte der Darstellung platziert und beherrscht die Grafik.

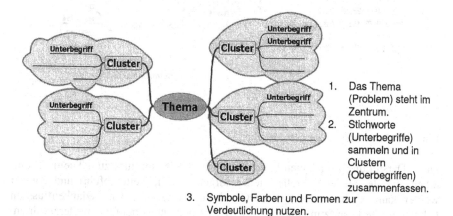

1. Das Thema (Problem) steht im Zentrum.
2. Stichworte (Unterbegriffe) sammeln und in Clustern (Oberbegriffen) zusammenfassen.
3. Symbole, Farben und Formen zur Verdeutlichung nutzen.
4. Begriffe analysieren und bewerten.

Bild 3.12: Prinzipdarstellung einer Mind-Map

Ausgehend von dem zentralen Thema werden Hauptäste entwickelt, die mit den entsprechenden Oberbegriffen belegt sind. Ergänzt werden diese Obergriffe dann durch die zugehörigen Unterbegriffe, die auf den sogenannten Nebenästen platziert sind. Diese Art der Gliederung entspricht bisher der Struktur des Ishikawa-Diagramms und wird nun aber mit geeigneten Zeichen, Symbolen oder Zusatzinformationen grafisch ergänzt.

Ziel ist es, durch diese grafischen Informationen einerseits Schwachstellen, Konflikte, Dringlichkeiten oder andere Extremwerte zu betonen. Anderseits unterstützen diese grafischen Zusätze die Merkfähigkeit, das Erinnerungsvermögen und die Reproduzierbarkeit der fixierten gedanklichen Abläufe ausgezeichnet.

Das Erstellen einer solchen Mind-Map kann sowohl durch einzelne Mitarbeiter als auch im Team erfolgen. Insbesondere bei der teamorientierten Arbeit dürfen dann auch wieder andere Methoden wie das Brainstorming eingesetzt werden.

Gerade das Brainstorming (siehe Kap. 3.2.3) ergänzt das Mind-Mapping in der kreativen Phase in hervorragender Art und Weise.

Als Ergebnis liegt dann eine Landkarte über die wichtigen und entscheidenden Informationen zu einem Problem in einer Form vor, wie sie im Bild 3.13 dargestellt ist.

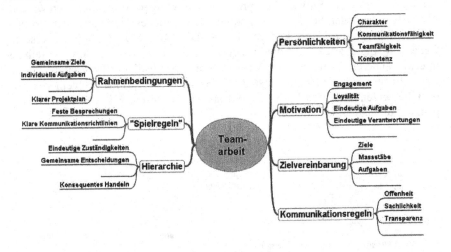

Bild 3.13: Mind-Map in der Personalarbeit

Diese Darstellung zeigt einen kontinuierlichen Gedankenfluss zum Thema Teamarbeit auf, der an jeder Stelle wieder aufgenommen, weitergeführt und ergänzt werden kann. Dabei erlaubt es die Grafik auch Fremden, den Gedankenfluss an beliebiger Stelle aufzunehmen, nachzuvollziehen und ebenfalls weiterzuführen. Das Beispiel unterstützt die Personalarbeit in der Projektarbeit. Die wichtigen Eigenschaften der Mitarbeiter, aber auch die Regeln innerhalb der Projektarbeit sind in Schwerpunkten zusammengefasst.

Ein weiterer Vorteil dieser Mind-Map ist die geschlossene Darstellung, die es jederzeit erlaubt, Teilkomplexe der Thematik zu bearbeiten ohne dass der Blick für das Ganze verloren geht.

Eine solche Mind-Map kann nicht nur für die Personalarbeit entwickelt werden, sondern ist auch ein ausgezeichnetes Hilfsmittel bei der Entwicklung und Optimierung von Geschäfts- oder Produktionsprozessen, bei Entwicklungsaufgaben oder anderen strukturierten Problemstellungen auch im persönlichen Bereich.

Nachfolgend soll dies an weiteren Beispielen demonstriert werden. Bild 3.14 zeigt eine Zusammenstellung von Begriffen, die bei einer Untersuchung zur Steigerung der Aktivität einer Fertigungsanalyse gesammelt und strukturiert wurde.

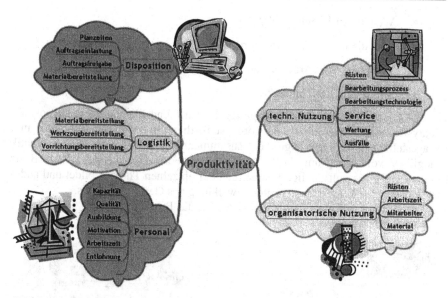

Bild 3.14: Mind-Map zur Optimierung eines Fertigungsprozesses

Die ersten Untersuchungen widmen sich daher dem technischen und organisatorischen Nutzungsgrad. Dazu werden im Block der technischen Nutzung Fragen untersucht wie:

- Gibt es technische Reserven im Prozess?

- Gibt es alternative (produktivere) Technologien?

- Wie groß ist der Rüstaufwand?

- Gibt es Möglichkeiten das Rüsten zu reduzieren?

- Gibt es technische Ausfälle? Warum?

- Wie gut sind Service und Wartung?

Die organisatorische Nutzung der Fertigungsanlage wird geprägt durch:

- Die Organisation des Rüstvorgangs,

- die Arbeitszeiten (Schichtmodelle),

- die Organisation der Mitarbeiter,

- die Materialbereitstellung (-verfügbarkeit).

Weitere Untersuchungen befassen sich im Detail mit den Mitarbeitern:

- Reicht die Personalkapazität?

- Stimmt die Qualität des Personals?

- Welche Ausbildung fehlt?

- Sind die Mitarbeiter motiviert?

- Wie passen die Arbeitszeiten zu der Auslastung?

- Stimmt die Entlohnung?

Natürlich müssen auch die komplexen Logistik und Planung bzw. Disposition analysiert und bewertet werden. Somit stellt die Mind-Map alle Probleme und Fragestellungen in einen logischen Zusammenhang, der die gesamte Thematik möglichst vollständig umschreibt und in dieser Form eine ausgezeichnete Basis einerseits für die vollständige Bearbeitung der einzelnen Themen bildet und andererseits für eine konsequente Weiterentwicklung des Gesamtproblems.

Ein weiteres Beispiel einer Mind-Map zeigt das Bild 3.15.

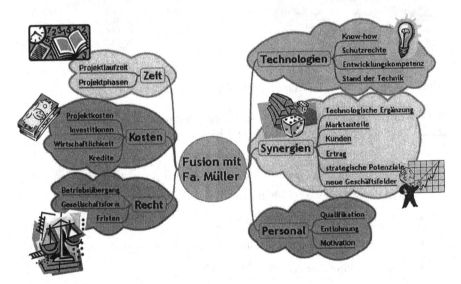

Bild 3.15: Mindmapping - Anwendungsbeispiel

In diesem Fall ist die Fusion zweier Unternehmen das zentrale Thema. Auch hier können wieder die einzelnen Aufgabenkomplexe mit den jeweiligen Aufgaben strukturiert dargestellt und bearbeitet werden. Sowohl die strategische Facette, d.h. die Chancen der Fusion durch das Zusammenlegen von Technologien und die daraus resultierenden Synergien, als auch die Realisierungsphase in Form der Zeitachse, der Kosten, rechtlicher Fragen oder Personalprobleme sind in der Mind-Map zusammengestellt. Damit ist ein übersichtliche Arbeitsgrundlage für die Projektarbeit gegeben.

3.1.5 Prozess-Struktur-Matrix (PSM) und Leistungsvereinbarung

Vorgänge in einem Unternehmen oder zwischen Unternehmen werden heute üblicherweise als Geschäftsprozesse dargestellt. Das Funktionieren dieser Geschäftsprozesse bestimmt letztlich den Erfolg des Unternehmens. Insofern ist es für das Unternehmen wichtig, seine Geschäftsprozesse zu kennen, zu analysieren und zu bewerten.

Die Prozess-Struktur-Matrix, kurz PSM-Methode, dient dazu, Geschäftsprozesse systematisch in ihrer Abfolge darzustellen und zu analysieren. Dargestellt wird diese Analyse in Form einer Dreiecksmatrix (Bild 3.16). Die Diagonale entspricht den einzelnen aufeinander folgenden Prozessschritten. Die Rechtecke der Dreiecksmatrix symbolisieren die einzelnen Leistungen, die von den jeweils Beteiligten zu erbringen sind bzw. abgefordert werden. Naturgemäß gibt es an dieser Schnittstelle unterschiedliche Sichtweisen. Hier trifft die Sicht des Leistungserbringers oder Lieferanten auf die Sicht des Leistungsanfordernden oder Kunden. Ist der Prozess gestört, so werden in der Regel große Unterschiede in der Beurteilung der erbrachten Leistung durch den Kunden und den Lieferanten festzustellen sein.

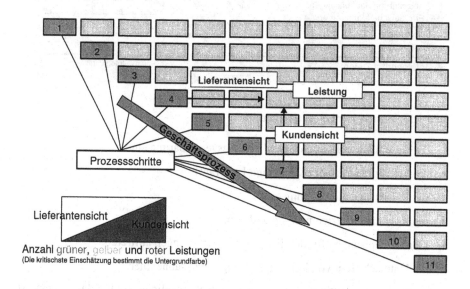

Bild 3.16: Prozess-Struktur-Matrix

Die Bewertung dieser unterschiedlichen Sichtweisen von Kunde und Lieferant auf die Leistung erlauben ein klare Darstellung der Schnittstellenprobleme im Prozessablauf.

Für die objektive Einschätzung der Leistungserbringung ist es wichtig, dass die Beurteilung dabei von beiden Seiten getrennt sowohl im Hinblick auf die Bedeutung der Leistung als auch im Hinblick auf die Güte der Leistungserbringung erfolgt.

In der Praxis können diese unterschiedlichen Sichtweisen mit Noten (ähnlich den Schulnoten) oder mit Hilfe der Ampelfarben visualisiert werden.

Die problembehafteten Bereiche der auf diese Art und Weise untersuchten Prozesse lassen sich nun durch entsprechende Leistungsvereinbarungen zwischen Kunden und Lieferanten fixieren. Bild 3.17 zeigt das Muster einer Leistungsvereinbarung.

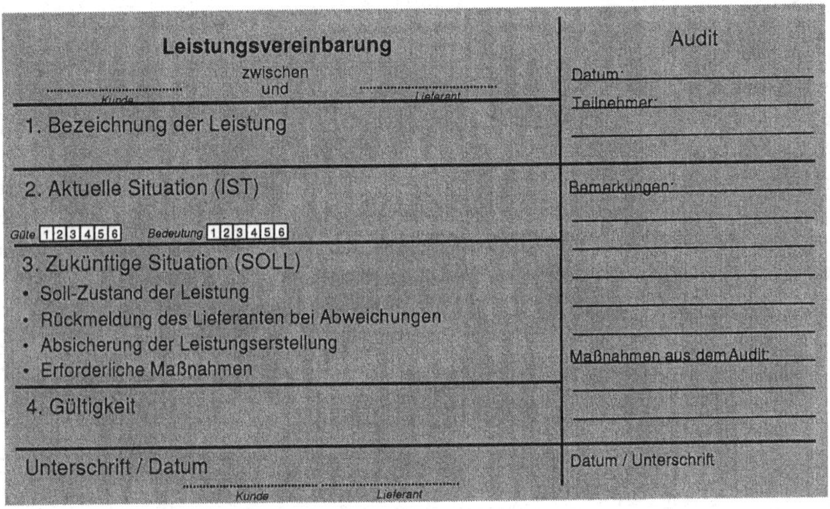

Bild 3.17: Muster einer Leistungsvereinbarung

Die wesentlichen Elemente der Leistungsvereinbarung sind:

- die beteiligten Partner (Kunde und Lieferant),

- die zu erbringende Leistung,

- die Abnahmekriterien und -prozeduren,

- klare Anweisungen für den Fall, dass Abweichungen auftreten,

- die Unterschriften von Leistungserbringer und -abnehmer.

Diese Elemente müssen natürlich auf den jeweiligen Bedarfsfall angepasst werden und können sowohl bei internen als auch bei externen Prozessen eingesetzt werden. Darüber hinaus kann anhand der dargestellten Leistungsvereinbarung auch das Audit im Rahmen einer Zertifizierung durchgeführt werden, um so die Wirksamkeit der Vereinbarung zu überprüfen.

Geschäftsprozesse sind z.T. recht komplexe Abläufe, so dass die Prozess-Struktur-Matrix nicht ausreicht, um die Komplexität des Geschehens zu erfassen und abzubilden. Hier können dann weitere Darstellungen helfen, die Problemschwerpunkte aufzuzeigen und zu erkennen. Die folgenden beiden Beispiele sollen hierzu als Anregung dienen.

von \ nach	Kunde	Vertreter	Verkauf AD	Angebotskonstruktion	Elektrik	Einkauf	Angebotskalkulation	Konstruktion	Auftragskoordination	Angebotsschreibung
Kunde		●	●	○	○					○
Vertreter	●		●	○						○
Verkauf AD	●	●		●	○		●		○	●
Angebotskonstruktion	○	○	●	○	●			○	○	○
Elektrik				●			○	●		
Einkauf							●			
Angebotskalkulation		○	○	●	●	○		●	○	○
Konstruktion										
Auftragskoordination			○	○		○			●	○
Angebotsschreibung	○	○	●	○	○		●		○	

Legende:
● Hohe Kommunikationsdichte
○ Niedrige Kommunikationsdichte

Bild 3.18: Kommunikationsdichte zwischen den Beteiligten im Angebotsprozess

Das Bild 3.18 zeigt das Ergebnis einer Analyse der Kommunikationsdichte zwischen den Beteiligten des Angebotsprozesses. Bei der Untersuchung wurden die Mitarbeiter der jeweiligen Bereiche befragt mit wem sie während der Erstellung eines Angebotes kommunizieren und wie intensiv diese Kommunikation ist. Interessant ist bei dieser Analyse auch wieder die Sichtweise der Beteiligten, die die Intensität der Kommunikation durchaus unterschiedlich empfinden. Eindeutige Probleme sind jedoch dann vorhanden, wenn - wie bei dieser Untersuchung – z.B. die verschiedenen Abteilungen mit der Konstruktion eine mehr oder weniger intensive Kommunikation pflegen, die Konstruktion selbst allerdings keine Kommunikation mit anderen Bereichen unterhält. Dieser Zustand deutet auf massive Störungen im Prozess hin.

Eine andere Fragestellung liegt den Ergebnissen zugrunde, die im Bild 3.19 dargestellt sind. Hier galt es festzustellen, wer denn überhaupt und mit welcher Verantwortung an dem Prozess der Angebotserstellung beteiligt ist.

Auch diese Analyse zeigt mögliche Konflikte und Störungen in einem Geschäftsprozess auf. Man erkennt, wer an der jeweiligen Prozessstufe beteiligt ist, wer nur informiert wird und wer die Verantwortung trägt und somit die Entscheidungen trifft.

In dem dargestellten Beispiel sind dann Schwierigkeiten zu erwarten, wenn mehr als ein Bereich für einen Teilprozess die Verantwortung haben. Die Angebotsprüfung kann beispielsweise nur vom Verkauf oder der Angebotskonstruktion verantwortet werden und nicht von beiden gemeinsam und gleichzeitig.

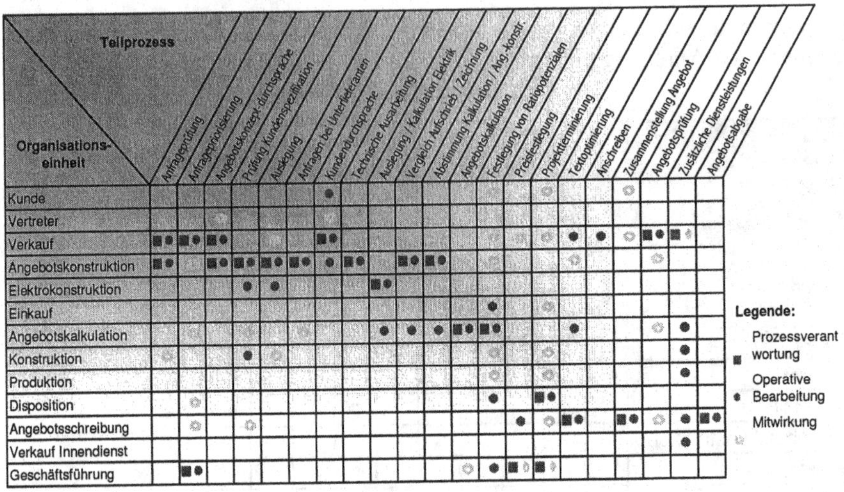

Bild 3.19: Beteiligung und Verantwortlichkeit am Prozess der Angebotserstellung

Allerdings müssen beide Bereiche daran mitarbeiten. Ähnliches gilt für die Projektterminierung. In diesem Fall fühlen sich sowohl die Disposition als auch die Geschäftsführung dafür verantwortlich. De facto kann jedoch nur einer die Verantwortung tragen und Entscheidungen treffen. Solche Mehrfachverantwortungen deuten in der Regel auf unklare Prozesse, nicht eindeutig definierte Kompetenzen und somit auf Störungen im Prozessablauf hin, die in der Folge unbedingt behoben werden müssen.

Legende:

■ Prozessverantwortung

● Operative Bearbeitung

Mitwirkung

3.1.6 Funktionsanalyse

Die Methode der Funktionsanalyse dient dazu, komplexe Abläufe anschaulich zu darzustellen. Dies gilt nicht nur für technische Zusammenhänge sondern auch für organisatorische Abläufe. Mit Hilfe dieser Darstellung lassen sich dann:

- Abläufe planen,

- Abläufe analysieren.

- Abläufe zeitlich und ablauftechnisch optimieren und

- alternative Lösungen entwickeln

Die Methode kann somit sowohl in der Entwicklungsphase für Neukonstruktionen als auch bei der Schwachstellen- oder Problemanalyse von bestehenden Konstruktionen eingesetzt werden.

Dabei spielt es keine Rolle, ob die zu untersuchende Fragestellung aus dem Bereich Software, Elektrik oder Mechanik kommt.

Die einfache Form in der Darstellung eines Funktionsablaufdiagramms ist ein Flussdiagramm ähnlich Bild 3.20.

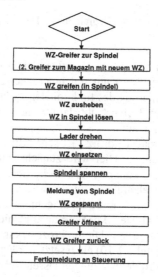

Bild 3.20: Beispiel für den Funktionsablauf eines Werkzeugwechslers in einem Bearbeitungszentrum (BAZ)

Das Beispiel zeigt den organisatorischen Ablauf der Funktionen, jedoch nicht den zeitlichen Verlauf dieses Ablaufes. Die erweiterte Darstellung in Bild 3.21 gibt Auskunft hierüber.

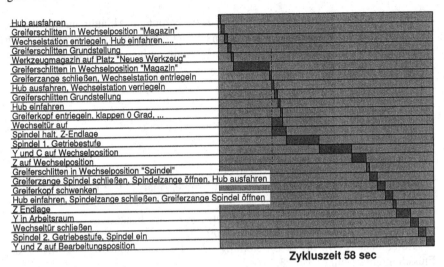

Zykluszeit 58 sec

Bild 3.21: Beispiel eines Funktionsdiagramms zur Darstellung der funktionalen und zeitlichen Abhängigkeit.

Damit ergeben sich zwei Ansatzpunkte der Analyse und Optimierung von Funktionsabläufen. Zunächst kann mit einer Darstellung analog Bild 3.15 eine Überprüfung und Optimierung des funktionalen Ablaufs durchgeführt werden. Die Darstellung gemäß Bild 3.21 erlaubt darüber hinaus eine Beurteilung und Optimierung des zeitlichen Ablaufs.

Eine Darstellung gemäß Bild 3.20 ist sehr hilfreich in der Entwicklungsphase von konstruktiven Lösungen. Hier wird zunächst nur der funktionale Ablauf beschrieben, ohne dass eine konkrete technische Lösung vorliegt. So kann zunächst der funktionale Ablauf abstrakt definiert werden und in einem zweiten Schritt werden die zur Realisierung notwendigen technischen Lösungen erarbeitet. Da die Funktionen als Basis festliegen, können nun verschiedene technische Alternativen entwickelt und geprüft werden. Dieser Prozess kann z.B. auch im Verlauf einer Wertanalyse (siehe Kapitel 3.1.10) eingesetzt werden.

Neben technischen Problemstellungen lassen sich mit dem Funktionsdiagramm auch Geschäftsprozesse oder Produktionsabläufe abbilden. Auch hier gilt die gleiche Systematik wie eingangs beschrieben, ob nun ein Auftragseingangsablauf oder ein Beschaffungsvorgang dargestellt werden soll ist dabei völlig unerheblich. Für Unternehmen, die sich nach einem Qualitätsstandard organisieren und zertifizieren lassen wollen, sind solche Funktionsdiagramme als Ablaufschema ein elementares Werkzeug.

Praktisches Beispiel: Produktionsprozessoptimierung

Im Rahmen der Optimierung eines Produktionsprozesses in einer automatisierten Anlage wurden der Zeithaushalt untersucht. Dabei handelt es sich im Prinzip um eine Rundtischmaschine mit 4 Stationen, die alle parallel arbeiten (Bild 3.22).

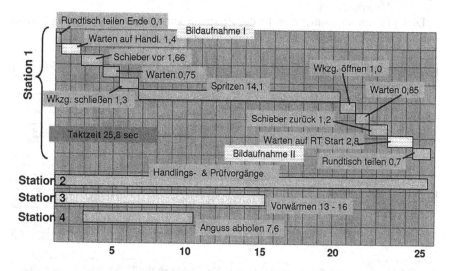

Bild 3.22: Analyse des Zeithaushaltes eines automatisierten Produktionsablaufes mit Rundtischmaschine

In der Grafik sind die zeitlichen Abläufe an den einzelnen Stationen mit ihren jeweiligen zeitlichen Anteilen erfasst. Diese Darstellung macht zunächst deutlich, dass für die Taktzeit der Zeithaushalt der Prozesse an Station 1 relevant ist; die Zeithaushalte an allen anderen Stationen sind kürzer als der an der Station 1.

An dieser Station laufen eine Vielzahl einzelner Prozessschritte nacheinander ab.

Auffallend ist jedoch, dass hier einige Wartezeiten auftauchen, in denen eine Prüfung durchgeführt wird, die alle Arbeitsgänge blockiert, da diese Prüfung am Schluss des Arbeitsschrittes stattfindet.

Verlegt man diesen Prüfschritt in den Folgearbeitsschritt, und zwar an den Anfang dieses Prozessschrittes und der ja auch innerhalb der Taktzeit genügend Spielraum hat, so entfällt diese Zeit völlig und man gewinnt je Arbeitstakt etwa 4. Sekunden.

Durch diese Verlagerung lässt sich nun sogar die geplante Taktzeit reduzieren. Bezogen auf die gesamte Stückzeit bedeutet dies einen Gewinn von ca. 15 % an Produktivität.

Praktisches Beispiel: Auftragseingang

Der Auftragseingang – startend mit der ersten Anfrage und dem Angebot bis hin zum tatsächlichen Eingang des Auftrags – ist einer der Schlüsselprozesse in fast allen Unternehmen.

Dies gilt um so mehr, je mehr die Produkte kundenspezifisch orientiert sind, wie beispielsweise im Anlagen- oder Sondermaschinenbau.

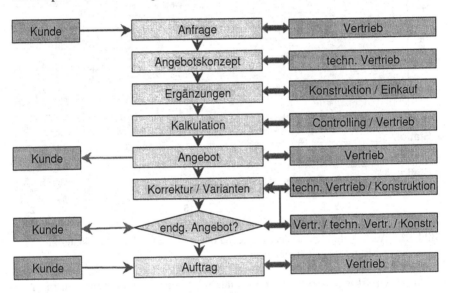

Bild 3.23: Auftragseingang als Geschäftsprozess

Im Bild ist in leicht abstrahierter Form der typische Prozessablauf eines derartigen Unternehmens dargestellt. Die mittlere Säule zeigt den prinzipiellen Ablauf zur Erstellung des Angebotes, durch die Pfeile nach links wird der Kommunikationsbedarf mit dem Kunden angedeutet und die rechte Säule stellt dar, welche internen Bereiche an der Erstellung des Angebotes beteiligt sind.

Ausgehend von der ersten Anfrage, die durch den Kunden getätigt und durch den Vertrieb aufgenommen wird, erstellt der technische Vertrieb, die Angebotsabteilung oder die Konstruktionsabteilung selbst ein erstes Konzept für eine Offerte. Diese wird in der Folge um entsprechende Zulieferkomponenten oder neue technische Detaillösungen ergänzt, bevor dann eine Kostenbewertung und eine Angebotskalkulation durchgeführt werden kann. Das nun vollständige Angebot wird dem Kunden übermittelt und erfährt dann in der Regel noch Veränderungen aufgrund von neuen Erkenntnissen, die zwischenzeitlich gewonnen wurden.

Diese Varianten werden ausgearbeitet und immer wieder mit dem Kunden diskutiert und optimiert, bis ein endgültiger Zustand erreicht wurde, der dann letztlich Basis für eine Auftragsentscheidung des Kunden ist.

Diese Darstellung macht bereits deutlich, dass der Angebotsprozess z.B. im Maschinen- und Anlagenbau von extrem komplexer Natur ist. Dabei zeigt die hier gewählte Darstellungsform nur die Abläufe der Informationen zwischen den einzelnen Bereichen. Schwierigkeiten, wie z.B. Schnittstellenprobleme, sind in dieser Form nicht darstellbar. Dazu helfen andere, zusätzliche Darstellungen, auf die später näher eingegangen werden soll.

Für eine Analyse und Optimierung derartiger Geschäftsprozesse führt jedoch kein Weg an Darstellungen in dieser Form vorbei. Anhand der Blöcke und Verbindungen lassen sich Aufgabeninhalte, Zuständigkeiten, Pflichten, zeitliche Abläufe und Durchlaufzeiten bzw. Kapazitäten transparent und klar beschreiben und zuordnen. Mit dieser Grundlage können nun die bestehenden Probleme aufbereitet und gelöst werden.

3.1.7 ABC- oder Pareto-Analyse

Die Pareto-Analyse ist ein klassisches Werkzeug der Qualitätssicherung. Sie kann jedoch in erweiterter Form auch im Entwicklungsbereich oder zur Unterstützung von Geschäftsprozessanalysen, z.B. im Beschaffungsbereich oder in der Logistik, eingesetzt werden.

Grundsätzliches Ziel der Pareto-Analyse ist die Auswertung von Datensammlungen, um wesentliche von unwesentlichen Merkmalen zu trennen. Die ABC-Analyse folgt im wesentlichen den im Bild 3.24 dargestellten Kriterien, die das Beispiel der Beschaffungssituation eines Unternehmens zeigen.

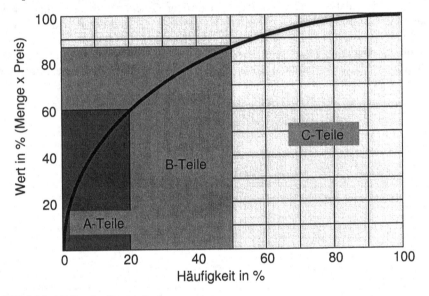

Bild 3.24: ABC- oder Pareto-Analyse

A-Teile sind in der Regel in geringen Stückzahlen mit hohen Einzelwerten vorhanden. B-Teile liegen in mittleren Stückzahlen mit moderaten Werten vor. C-Teile sind die in hohen Stückzahlen vorhandenen „Pfennigartikel".

Die Analyse lässt sich durch verschiedene Überlegungen erweitern. Insbesondere für den Materialwirtschaftsbereich kann eine zweite Analyse überlagert werden, die z.B. die Dispositionscharakteristik der Teile zum Ausdruck bringt:

X-Teile mit niedriger Vorhersagbarkeit und unregelmäßigem Verbrauch

Y-Teile mit mittlerer Vorhersehbarkeit und schwankendem Verbrauch und

Z-Teile mit niedriger Vorhersehbarkeit und unregelmäßigem Verbrauch.

Somit ergeben sich Teileklassen ähnlich Bild 3.25.

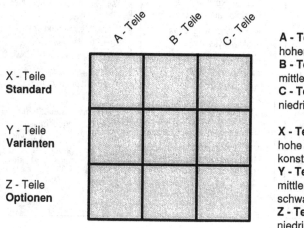

A - Teile
hoher Verbrauchswert
B - Teile
mittlerer Verbrauchswert
C - Teile
niedriger Verbrauchswert

X - Teile
hohe Vorhersagbarkeit /
konstanter Verbrauch
Y - Teile
mittlere Vorhersagbarkeit /
schwankender Verbrauch
Z - Teile
niedrige Vorhersagbarkeit /
unregelmäßiger Verbrauch

Quelle: IPA

Bild 3.25: ABC-XYZ-Analyse

Mit Hilfe der im Bild dargestellten zweiten Analyse lassen sich so neben der reinen Werteanalyse auch noch dispositive Elemente einbringen, die eine weitere Differenzierung der Teile erlauben.

Darüber hinaus kann die Pareto-Analyse mit klaren strategischen und operativen Überlegungen und Zielsetzungen verknüpft werden. Am Beispiel einer Analyse für die Beschaffung sind im Bild 3.26 Strategien für die einzelnen Teileklassen definiert. Damit ergeben sich für die Mitarbeiter aus den einzelnen Unternehmensbereichen klare Handlungsanweisungen.

Teile, die nach dieser Analyse als C-Teile definiert sind können z.B. als Kanban-Teile definiert werden, um so den Aufwand für die Logistik weitestgehend zu minimieren.

Für Standardteile, die als A-Teile erkannt sind, muss ein intensives Lieferantenmanagement aufgebaut werden und diese Teile werden einer kontinuierlichen Preisbeobachtung bis hin zur Wertanalyse unterworfen.

Je nach Produktspektrum, Lagerumschlagshäufigkeit und Teilewert ergeben sich hier unterschiedliche strategische Anätze zur Minimierung des Lagerbestandes.

Grunddaten	Strategie A-Teile	Strategie C-Teile
• Wert pro Stück • Beschaffungsmenge pro Jahr • Beschaffungswert pro Jahr • Wiederbeschaffungszeitraum **Zusatzdaten** • Preisempfindlichkeit der Materialien (Umfang und Häufigkeit der eingetreten bzw. zu erwartenden Preisveränderungen) • Auswirkungen auf die Produktion (z. B. Substituierbarkeit) • Liefersicherheit	• Geringe Reichweite um Kapitalbindung zu vermeiden • Intensive Beschaffungs-marktanalyse • Niedrige Sicherheitsbestände • Just-in-Time • Enge logistische Verkettung mit dem Lieferanten • Durchführung von Wertanalysen • Genaue und zeitnahe Materialverfolgung	• Verzicht auf Beschaffungs-marktanalyse • Keine Minimierung des Lagerbestands • Geringer dispositiver Aufwand (z. B. keine Termin und Preisprüfungen, Kanban) • Programmgesteuerte Ver-brauchsmengenerfassung • Prozesskosten sind wichtiger als die Einkaufspreise • Single sourcing

Bild 3.26: Strategische Anweisungen für Teileklassen aus der ABC-Analyse

Praktisches Beispiel aus dem Einkauf

Ein absolut typisches Anwendungsfeld für die Pareto- oder ABC-Analyse ist der Bereich der Materialwirtschaft. Sowohl für die Materialbeschaffung als auch bei der Untersuchung logistischer Fragestellungen ist in der Regel eine ABC-Ananlyse notwendig, um hier zu ersten Clustern und Strukturen zu kommen.

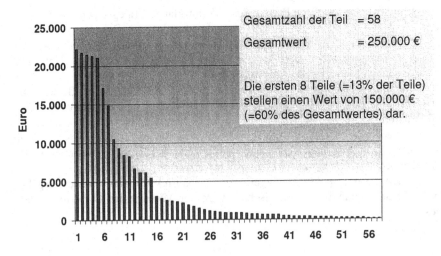

Gesamtzahl der Teil = 58

Gesamtwert = 250.000 €

Die ersten 8 Teile (=13% der Teile) stellen einen Wert von 150.000 € (=60% des Gesamtwertes) dar.

Bild 3.27: Paretoanalyse eines Einkaufteilespektrums

Dargestellt sind im Bild die Einzelwerte der Bauteile einer Baugruppe, die aus insgesamt 58 Elementen (Eigenfertigungs- und Zulieferteilen) mit einem Gesamtwert von ca. 250.000 € besteht. Die Praxis bestätigt die Theorie; 8 Teile haben einen Wert von ca. 150.000,- €, was einem Anteil von ca. 60 % entspricht. Der Gesamtwert der restlichen 50 Teile liegt deutlich darunter.

Bei derartigen Analysen muss man jedoch die Zielsetzung und Motivation für die Anwendung der Pareto-Analyse genau beachten. Falls – wie in dem genannten Beispiel – die Kostenanalyse mit der Zielsetzung Kostensenkung im Vordergrund steht, ist nicht immer der Einzelwert der verwendeten Bauteile sondern, falls diese Teile mehrfach eingesetzt werden, deren Gesamtwert von entscheidender Bedeutung.

Praktisches Beispiel „Risikomanagement"

Mit dem KonTraG (Gesetz zur Kontrolle und Transparenz im Unternehmensbereich) hat der Gesetzgeber das Management verpflichtet ein unternehmensinternes Instrumentarium zu errichten, mit dem Entwicklungen oder Risiken, die das Unternehmen existenziell bedrohen, frühzeitig erkannt werden können [21]. Im Rahmen einer solchen Bewertung lassen sich die Risiken dann auch mit Hilfe der beschriebenen Paretoanalyse klassifizieren und priorisieren.

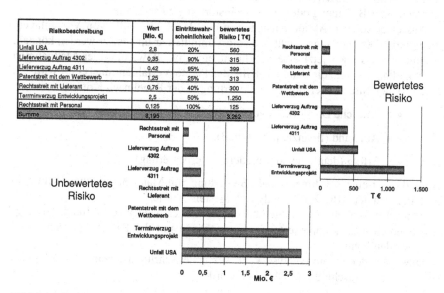

Risikobeschreibung	Wert [Mio. €]	Eintrittswahr- scheinlichkeit	bewertetes Risiko [T€]
Unfall USA	2,8	20%	560
Lieferverzug Auftrag 4302	0,35	90%	315
Lieferverzug Auftrag 4311	0,42	95%	399
Patentstreit mit dem Wettbewerb	1,25	25%	313
Rechtsstreit mit Lieferant	0,75	40%	300
Terrminverzug Entwicklungsprojekt	2,5	50%	1.250
Rechtsstreit mit Personal	0,125	100%	125
Summe	8,195		3.262

Bild 3.28: Risikobewertung mit der Paretoanalyse

In der Tabelle im Bild sind beispielhaft mögliche Unternehmensrisiken beschrieben und ihr Wert erfasst. Ob dies nun ein Unfall mit möglichen Schadensersatzforderungen aufgrund der Produkthaftung in den USA ist, eine Konventionalstrafe in Folge von Lieferverzug, Patenstreit mit dem Wettbewerb oder andere

Rechtsstreite spielt dabei keine Rolle. Auch „interne Risiken" wie z.B. der Verzug – und damit der verspätete Markteintritt – in einem Entwicklungsprojekt oder Streitigkeiten mit dem Personal, all diese Risiken werden finanziell bewertet und mit diesem Risikowert erfasst (zweite Spalte).

Diese Risiken können bereits in einem Pareto-Diagramm dargestellt werden (unteres Diagramm) und zeigen auch wieder, dass der wesentliche Anteil an dem gesamten Risikowert durch wenige Einzelrisiken bestimmt wird.

In der Praxis werden jedoch die Risiken nicht alle und nicht in voller Höhe eintreten. Dies lässt sich dann durch eine entsprechende Bewertung über die Eintrittswahrscheinlichkeit abbilden, die dann auch zu einer veränderten Reihenfolge der so bewerteten Risiken führt (siehe rechtes Pareto-Diagramm).

Die Beispiele zeigen, dass die Verwendung des Pareto-Diagramms nicht auf die klassische Analyse von Lagerbeständen, Einkaufsmengen oder ähnliche Problemstellungen beschränkt bleiben muss. Analog dem 2. Beispiel kann damit auch ein Veränderungsprozess in einem Unternehmen begleitet und strukturiert werden.

Stellen wir uns die Situation vor, dass ein Prozess in einem Unternehmen nicht sauber funktioniert was sich z.B. in immer wiederkehrenden Lieferverzügen mit steigender Tendenz ausdrückt.

Zu einem Zeitpunkt X wird dieses Problem so kritisch, dass die Kunden mit Auftragsstornierungen drohen. In einer solchen Situation kann eine Maßnahme darin bestehen, zunächst einmal alle möglichen Verbesserungsmaßnahmen im Rahmen einer Befragung oder eines Brainstorming zu sammeln.

Aus einer solchen Aktion entstehen in der Regel eine Fülle von Vorschlägen, die in ihrer Gesamtheit gar nicht alle sofort unmittelbar umgesetzt werden können. Vielmehr muss auch jetzt eine möglichst objektive Bewertung der Maßnahmen durchgeführt werden, die dann mit Hilfe des Pareto-Verfahrens analysiert wird. Zu einer solchen Situation erfolgt eine Bewertung in der Regel nach Kriterien wie

- Zeitliche Dauer (kurz vor lang!),

- Aufwand (finanziell, personell),

- Erfolg (deutliche oder moderate Verbesserung).

Auch dies ist eine 2-3 dimensionale Bewertung von Maßnahmen, wie sie im Bild 3.25 in Form der ABC-XYZ-Analyse dargestellt wurde.

Trotz der Einfachheit der Methode ist es immer wieder verblüffend, wie klar und deutlich auch komplexeste Zusammenhänge mit der Pareto-Analyse dargestellt werden können.

Diese Art der Pareto-Analyse kann der erste Schritt in einem PDCA-Zyklus sein, wie er in Abschnitt 3 beschrieben wurde.

3.1.8 Fehler-Möglichkeiten & Einfluss-Analyse (FMEA)

Die Fehler-, Möglichkeits- und Einfluss-Analyse, kurz FMEA genannt, ist ein Verfahren, das insbesondere zur Unterstützung von Entwicklungsprozessen konstruktiver oder produktionstechnischer Abläufe eingesetzt wird. Prozesse oder technische Lösungen werden im Hinblick auf mögliche Fehler untersucht, die Folgen des Auftretens dieser Fehler wird bewertet und anschließend werden mögliche Abhilfemaßnahmen entwickelt und umgesetzt [1, 2].

In der Praxis werden eine Vielzahl von FMEAs unterschieden, wobei die Unterschiede im wesentlichen auf den jeweiligen Anwendungsfall (z.B. Prozess-FMEA oder Baugruppen-FMEA) und die damit verbundenen Planungsunterlagen zurückzuführen sind. Die Vorgehensweise zur Erstellung einer FMEA ist in allen Fällen prinzipiell gleich (Bild 3.29).

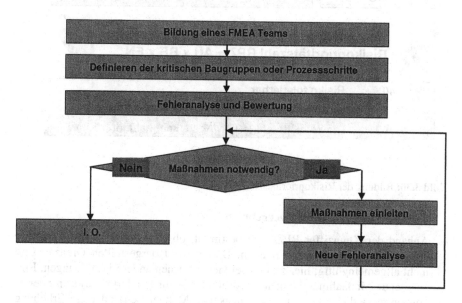

Bild 3.29: Ablaufdiagramm der FMEA

Ähnlich wie das Quality Function Deployment (QFD) ist auch die Fehlermöglichkeiten- und Einflussnahmeanalyse (FMEA) ein Prozess, der in mehreren Stufen abläuft:

1. Organisation der FMEA

Ort, Termine, Beteiligte und der Inhalt der FMEA werden festgelegt.

2. Strukturierung der Aufgabenstellung

Ziel ist es, das Problem soweit systematisch zu strukturieren, dass der zu analysierende Prozess oder die technische Lösung eindeutig beschrieben und die Aufgabenstellung klar ist.

3. Analyse

Die strukturierten Komponenten bzw. Prozessschritte werden im Hinblick auf Fehler, deren Ursachen und Folgen und somit ihr Risiko analysiert. Die Bewertung erfolgt mit Hilfe der Risikoprioritätszahl RPZ, die aus der Bedeutung des Fehlers BE, der Auftrittswahrscheinlichkeit AU und der Entdeckungswahrscheinlichkeit EU gemäß Bild 3.30 gebildet wird.

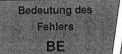
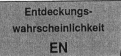

Auftrittswahr-scheinlichkeit **AU**   Bedeutung des Fehlers **BE**   Entdeckungs-wahrscheinlichkeit **EN**

Risikoprioritätszahl RPZ = AU x BE x EN

RPZ < 40   Risiko tolerierbar

40 < RPZ > 100 unklare Risikolage

RPZ > 100   Risiko nicht tolerierbar, Abstellmaßnahmen

Bild 3.30: Bildung der Risikoprioritätszahl RPZ

4. Auswertung der Analyseergebnisse

Anhand der Kennziffer RPZ wird bestimmt, ob und welche Maßnahmen zur Abhilfe eingeleitet werden müssen. Die im Bild dargestellten Grenzen sind nicht allgemeingültig; hier gibt es bei vielen Firmen andere Festlegungen. Einzuleitende Maßnahmen können konstruktiver Natur (Änderungen) sein oder es können zusätzliche Prüfungen (entdeckende Maßnahmen) oder die Erhöhung von Redundanzen (ausgrenzende Maßnahmen) eingeleitet werden. Für jede Maßnahme werden ein Erfüllungstermin und ein Verantwortlicher benannt.

5. Terminverfolgung und Erfolgskontrolle

Die fixierten Maßnahmen müssen hinsichtlich Termin und Durchführung überwacht werden. Dies wird von dem FMEA-Verantwortlichen sichergestellt. Darüber hinaus müssen die Maßnahmen nach der Durchführung hinsichtlich ihres Risikos bewertet werden und – falls notwendig – nochmals überarbeitet werden.

Bild 3.31 zeigt beispielhaft das ausgefüllte Formblatt einer durchgeführten FMEA.

In der linken Spalte werden zunächst die Funktionen, Baugruppen oder Teile bestimmt, die untersucht werden.

Sodann werden die möglichen Fehler benannt, die während des Betriebs oder bei der Montage auftreten können, z.B. kann eine Spindel durch Crash infolge eines Lagerschadens ausfallen oder aufgrund von Fertigungsfehlern nicht genau laufen. Die Folgen (3.Spalte) sind dann entweder weitere Schäden oder aufwendige Reparaturen. Die Folgeschäden bestimmen letztlich die Bedeutung des Fehlers BE. Ein Gesetzesverstoß hier ist natürlich ein K.O.-Kriterium.

Anschließend werden die möglichen Ursachen des Fehlers eingetragen. Ob z.B. die Fertigungstechnik aufgrund der engen Toleranzen ein Risiko darstellt oder andere Ursachen für das Versagen verantwortlich ist wird hier festgestellt und über den Koeffizienten Ausfallwahrscheinlichkeit AU bewertet.

Sodann werden die Möglichkeiten fixiert, die vorhanden sind, um den Fehler zu entdecken. Mit der Entdeckungswahrscheinlichkeit EN wird dann bewertet wie hoch die Wahrscheinlichkeit ist, den Fehler tatsächlich zu entdecken.

Die Kriterien für die Gewichtung der einzelnen Kennzahlen sind in den folgenden Bildern 3.32-3.34 zusammengestellt.

Die Multiplikation der drei Faktoren gemäß Bild 3.30 führt dann zu der sog. Risikoprioritätszahl RPZ, die einen Hinweis gibt, in welcher Form nun Abhilfemaßnahmen eingeleitet werden müssen. Gemäß der Vorgabe im Bild 3.30 sind RPZ-Werte unter 40 als tolerierbare Risiken eingestuft. Bei RPZ-Werten zwischen 40 und 100 sollte man versuchen das Problem genauer zu erfassen und eine RPZ-Zahl von über 100 bedeutet, dass das Risiko nicht akzeptabel ist. Es müssen sofort Abhilfemaßnahmen definiert und eingeleitet werden.

Die hier gesetzten Grenzen sind keinesfalls verbindlich sondern können je nach Problemstellung und Branche durchaus angepasst werden.

Im vorliegenden Beispiel wurden für die B-Achsen-Probleme RPZ-Werte über 40 ermittelt und für diese Fälle wurden Abhilfemaßnahmen definiert. Diese sind dann auch in gleicher Art und Weise einer Bewertung unterzogen worden, wobei dann die RPZ-Kennzahl bereits deutlich besser sein sollte.

Die Spindelprobleme sind weniger bedeutend, was durch entsprechend niedrige RPZ-Werte zum Ausdruck kommt.

Neben dieser Bewertung von Fehlern und Abhilfemaßnahmen und deren Auswirkung auf den Betrieb der Maschine enthält die FMEA noch eine zweite wichtige Handlungskomponente. Das Formblatt (Bild 3.31) zeigt noch die Spalte für den Verantwortlichen, der für die Umsetzung der jeweiligen Maßnahme sorgen muss. Das heißt, es gibt eine Handlungsanweisung oder To-do-Liste, mit der die Abarbeitung der einzelnen Abstellmaßnahmen verfolgt und dokumentiert werden kann. Insofern ist eine konsequent durchgeführte und abgeschlossene FMEA auch der Nachweis, dass Risiken bedacht, analysiert und durch entsprechende Maßnahmen vermieden werden – ein wesentlicher Aspekt bei der eventuell notwendigen Diskussion der Frage der Produkthaftung im Schadensfall.

Fehler - Möglichkeits - und Einfluß - Analyse (FMEA)
Failure Mode and Effects Analysis (FMEA)

Maschinen-FMEA / *Machinery -FMEA* [ ] System-FMEA / *System-FMEA* [X] Prozeß-FMEA / *Process-FMEA* [ ]

FMEA Team (Name/Abteilung) / *[Core Team (Name/Department)]*

Erstellt durch / *Prepared by:*
Erstelldatum / *Date of Provide* :
Freigabe-Datum / *Release Date:*
Letztes Revisions-Datum:
Last Revision Date:
Revisions-Nummer:
Revision No.:
Auftrags-Nummer / *Order No.:*
Baugruppen-Nummer / *Assembly No.:*
Modell / *Modell* System / *System:*

Systeme/Teile Aufgaben/Funktionen *System/Parts Functions*	Potenzielle Fehler *Potential Failure Mode*	Folgen des Fehlers *Effect(s) of Failure*	BE	Potentielle Fehlerursachen *Potential Failure Causes(s)*	AU	Vorhandene Prüfmaßnahmen *Current Design Controls*	EN	RPZ	Empfohlene Abstellmaßnahmen *Recommended Action(s)*	Verantwortlichkeit *Responsibility*	verbesserter Zustand / Realisierte Maßnahmen *Actions Taken*	BE	AU	EN	RPZ
B-Achse *B-Axis*	Position NIO bei B-Achse *Position from B-Axis not o.k.*	Störungen beim Beladung *Interrupt from Loading*	6	Achsmotor ist lose *Axis motor loose*	3		5	90	In Bedienungsanleitung aufnehmen: Schrauben jährlich überprüfen *Manual Instruction: Screw controlling every Year*	verantw. Abteilung *respons. Department*	In Bedienungsanleitung aufgenommen *Integration in Instruction manual*	6	2	5	60
		Maschinenausfall *Machine Breakdown*	6	ROD-Geber undicht und dadurch verölt *Encoder damaged*	3	Bei Ausfall Meldung in Steuerung *If Breakdown: Alarm in Controll*	3	54	FTPM: Teil auf Lager legen *FTPM: Encoder put into the Stock*	Kunde *Customer*					
Spindeln *Spindel*	Crash *Crash*	Spindeln fest durch Lagerschaden *Spindel out of order, Bearing damage*	8	Maschinenablauf N.I.O *Machine operation not o.k.*	3	Maschinenablauf wird bei A+H geprüft *Machine operation controlled at Run-Off*	1	24							
	Fertigungs-ungenauigkeiten *Inexact Fabrication*	Aufwendige Montage und Demontage *Devote to Assembly and Dismantling*	1	Toleranzen, Grenzen der Fertigungstechnik *Tolerances, limit of manufacturing*	8	Integration von Möglichkeiten zum Ausrichten der Baugruppe *Elements for adjustment during assembly*	1	8							

Bild 3.31: Formblatt einer FMEA

Einfluss	Bewertung	Kriterien: Meantime between Failure
unwahr- scheinlich	1	MTBF voraussichtlich größer als 10.000 Betriebsstunden
sehr gering	2 - 3	MTBF voraussichtlich zwischen 3.001 und 10.000 Betriebsstunden
gering	4 - 6	MTBF zwischen 401und 3.000 Betriebsstunden
mäßig	7 - 8	MTBF zwischen 11und 400 Betriebsstunden oder Bei 0,1 – 0,01 % der Produktion
hoch	9 - 10	MTBF zwischen 0 und 10 Betriebsstunden oder Bei 1 – 10 % der Produktion

Bild 3.32: Auftrittwahrscheinlichkeit AU

Einfluss	Bewertung	Kriterien
kaum wahrnehmbare Auswirkung	1	Abweichung innerhalb der oberen und unteren Eingriffsgrenze, Kontrollmaßnahmen; kein Ausschuss zu erwarten
unbedeutender Fehler, geringe Belästigung des Kunden	2 - 3	Abweichung überschreitet die oberen oder unteren Eingriffsgrenzen, Maschineneinstellungen und Kontrollmaßnahmen müssen durchgeführt werden; kein Ausschuss zu erwarten
mäßig schwerer Fehler	4 - 6	Stillstandzeiten zwischen 30 Min. und 3 Stunden zu erwarten; Ausschuss möglich
schwerer Fehler, Verärgerung d. Kunden	7 - 8	Stillstandzeiten zwischen 3 und 8 Stunden zu erwarten; Ausschuss ist zu erwarten
äußerst schwer- wiegender Fehler	9 - 10	Anlage entspricht nicht den gesetzlich geforderten Sicherheitsvorschriften Bedien- Service- und Firmenpersonal werden beeinflusst oder gefährdet

Bild 3.33: Bedeutung des Fehlers BE

Entdeckungs-wahrscheinlichkeit	Bewer-tung	Der Fehler wird mit einer Wahrscheinlichkeit von:
hoch	1	98 % entdeckt
mäßig	2-5	87-98 % entdeckt
gering	6-8	60-87 % entdeckt
sehr gering	9	30-60 % entdeckt
unwahrscheinlich	10	30 % entdeckt

Bild 3.34: Entdeckungswahrscheinlichkeit EN

Heute wird die FMEA nicht mehr als isoliertes Werkzeug zur Risikoabschätzung von Prozessen oder technischen Lösungen eingesetzt, sondern sie ist Bestandteil eines umfassenden Prozesses zur kontinuierlichen Verbesserung von Produkten und Produktionsprozessen. Die FMEA kann z.B. begleitend zu den Aktivitäten in einem Qualitätszirkel eingesetzt oder in den R&M-Prozess (Reliability & Maintainability) eingebunden werden. Diese Methoden sind heute wesentliche Bestandteile des kontinuierlichen Verbesserungsprozesses (KVP) in der Produkt- und Prozessentwicklung (Bild 3.35).

Mit dieser Darstellung soll die Einbindung der verschiedenen Methoden – insbesondere der FMEA – in den Prozess der Produkt- und Prozessentwicklung verdeutlicht werden. Natürlich spielen auch die bereits beschriebenen Bausteine der R&M-Philosophie eine wichtige Rolle in diesem Prozess. Entscheidend ist jedoch das Verständnis für diesen gesamthaften Ansatz.

In der Entwicklung wird die Idee zu einem Produkt geboren und in entsprechende Zeichnungen und Dokumente umgesetzt. Die Produktion realisiert das Produkt auf Basis dieser Informationen und stellt hier bereits Schwierigkeiten oder Probleme bei der Realisierung fest. Sei es, dass einzelne Produktionsprozesse nicht die geforderte Qualität bringen oder dass noch Fehler oder Unzulänglichkeiten in den Unterlagen auftauchen. Durch den Qualitätszirkel (siehe Kap. 3.1.13) werden diese Probleme gezielt aufgenommen und gelöst.

Nachdem dann das Produkt ausgeliefert ist, entstehen die Informationen über den Einsatz im Feld. Diese Daten werden dann ebenfalls aufgenommen und durch den Qualitätszirkel auch wieder für die Entwicklung aufbereitet und verfügbar gemacht.

Aus allen Prozessstufen werden wichtige Daten generiert für die Betrachtung

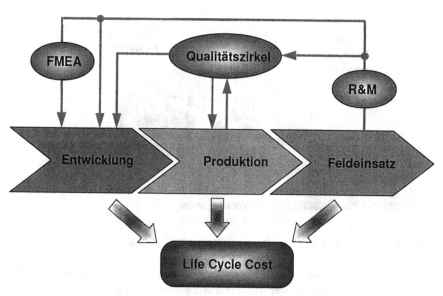

Bild 3.35: Produkt- und Prozessentwicklung

der Life-Cycle-Costs. Diese Informationen sind sowohl für die Bewertung der eigenen Position im Wettbewerb als auch für die Kunden sehr hilfreich (siehe Kap. 3.1.12).

Insbesondere in der Investitionsgüterindustrie wird die Analyse der Life-Cycle-Cost immer wichtiger bei der Beurteilung von Investitionen. Führt man sich vor Augen, dass eine neue Produktionsanlage z.B. in den nächsten 10 Jahren ein Produkt für die Zulieferung in ein Auto erzeugen soll, so sind neben den Investitionskosten auch die zukünftigen Kosten für Material, Werkzeuge, Energie, Kühlschmierstoffe, Wartung usw. von hohem Interesse.

In dem hier diskutierten Beispiel (siehe Bild 3.36) wurde eine Maschine zur Produktion von Teilen einer Lenkung investiert mit einem Preis von 500.000,- €. Nach der Berechnung der Life-Cycle-Cost ergeben sich hierfür jedoch im Verlauf von 10 Jahren voraussichtlich Kosten in Höhe von 5,5 Mio. €, d.h. der Kaufpreis für die Maschine selbst liegt bei unter 10%. In Summe beträgt der Anteil der gesamten Akquisitionskosten lediglich 14%. Dies umfasst notwendige Vorbereitungsarbeiten, Schulungen, Installationsarbeiten usw.. Den Löwenanteil von 43,5% verschlingen die für die Produktion notwendigen Werkzeuge.

Die Wartungskosten belaufen sich auf etwa 34% und allein die Versorgungskosten, d.h. Kühlschmierstoffe, Energie, Schmierstoffe etc. verschlingen mit 8,5% etwa 450.000,- €. Diese Analyse soll zeigen, dass das Wissen um das Betriebsverhalten einer Produktionsanlage wichtig wird im Verkauf und bei der Entwicklung der Maschine. Wer diese Zusammenhänge versteht und analysieren kann, ist in der Lage, die Produkte weiter zu entwickeln und im Wettbewerb zu bestehen.

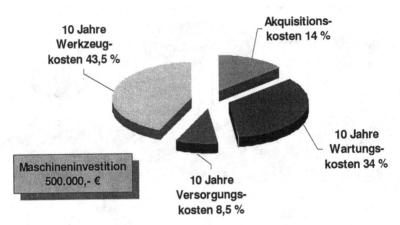

Bild 3.36: Analyse der Life-Cycle-Cost einer Produktionsanalyse

Zum Abschluss soll noch ein Detailergebnis dieser Analyse dargestellt werden. Bild 3.27 zeigt den Einfluss der Verfügbarkeit auf die Stückkosten.

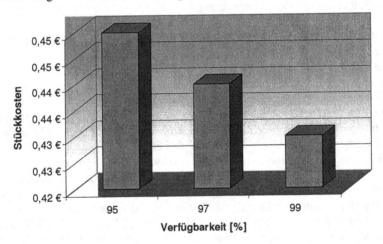

Bild 3.37: Einfluss der Verfügbarkeit einer Produktionsanlage auf die Stückkosten

Dieser Parameter wirkt sich in den vorher diskutierten Ergebnissen nicht aus, da diese Kosten durch die Verfügbarkeit nicht unmittelbar beeinflusst werden. Allerdings hat dieser Wert direkten Einfluss auf die produzierten Stückzahlen. Da die Produktionszahlen bei etwa 1,2 Mio. Teilen pro Jahr liegen, wirkt sich die Reduzierung der Stückkosten um 0,01 € pro Stück letztlich mit 12.000,- € pro Jahr doch recht deutlich aus. In unserem Beispiel bewirkt die Steigerung der Produktivität von 95% auf 99% eine Ergebnisverbesserung um 240.000,- € in 10 Jahren.

3.1.9 Advanced Failure Evaluation (AFE)

Die wesentliche Aufgabe der FMEA ist die präventive Fehlervermeidung. Der Prozess ist zuverlässig und führt in der Regel auch zu nachvollziehbaren und schnell umsetzbaren Ergebnissen. In der Anwendung besitzt diese Methode einen Nachteil, der insbesonders bei FMEA´s im Entwicklungsprozess zum Tragen kommen kann.

Es liegt in der Natur des Prozesses, dass hier konstruktive Lösungen in Frage gestellt werden, d.h. es werden Fehler oder Schwachstellen gesucht. Dies empfinden die Mitarbeiter, die an der Entwicklung der Lösung beteiligt waren, als persönlichen Angriff. Folgerichtig wird sich der Mitarbeiter immer darum bemühen, „seine Lösung" zu verteidigen. Unter diesem Problem leidet natürlich die Qualität der FMEA.

Diesen Schwachpunkt greift die Methodik der AFE auf, indem hier die kreativ orientierte Frage gestellt wird: „Was müssen wir tun, um die vorliegenden technische Lösung zu zerstören?" Im Vergleich zur Fragestellung während der FMEA: „Welche Schwachstellen sind in der technischen Lösung?" wird mit dieser Fragestellung die Kreativität angesprochen und das Denken aller Beteiligten in eine andere Richtung gelenkt.

Der Grundtenor in der Fragestellung nach der Schwachstelle im Verlauf einer FMEA beinhaltet bereits eine gewisse Kritik an der Arbeit des Entwicklers. Folgerichtig wird der Entwickler sich und „seine Lösung" verteidigen. Mit der geänderten Fragestellung nach der Möglichkeit zur Zerstörung der technischen Lösung hingegen wird das kreative Potenzial des Entwicklers angesprochen und herausgefordert. Die technische Lösung selbst wird nicht kritisiert und steht somit zunächst auch nicht im Brennpunkt.

Das Ergebnis eines solchen Prozesses ist wiederum sehr ähnlich wie bei der FMEA. Es werden auch hier die Schwachstellen des untersuchten Problems aufgedeckt. Im Anschluss an diese Sammlung der „Möglichkeiten, das vorliegende System zu zerstören", die im übrigen in einem dem Brainstorming ähnlichen Prozess entwickelt werden können, lassen sich die gefundenen Lösungsansätze bzw. Schwachstellen in gleicher Weise bearbeiten und bewerten wie bei der FMEA.

Für den Prozess selbst können Unterlagen und Formblätter verwendet werden, wie sie im vorhergehenden Kapitel zur FMEA beschrieben wurden. Insbesondere die Bewertung von Risiken (siehe Bild 3.30) und die Systematik (siehe Bild 3.31) können unverändert übernommen werden. Es sei an dieser Stelle nochmals betont, dass der wesentliche Unterschied zur FMEA eigentlich nur in der unterschiedlichen Fragestellung besteht, die versucht die Kritik zu vermeiden und die Kreativität des Konstrukteurs anregen soll.

3.1.10 Wertanalyse (WA)

Die Wertanalyse ist das wohl bekannteste Verfahren, mit dessen Hilfe systematische bestehende Produkte und /oder Prozesse untersucht werden, um die Produktions- bzw. Herstellkosten zu optimieren. Dieses Verfahren ist inzwischen in der Literatur ausgiebig dargestellt und sogar in Normen bzw. Richtlinien beschrieben und definiert [22]. Daher soll die Wertanalyse hier nicht nochmals in aller Ausführlichkeit erläutert werden, sondern nur die wesentlichen Grundzüge. Die Grundlage der Prozedur bildet die Definition der Wertanalyse nach DIN 69910 [23], wie sie im Bild 3.38 zitiert ist.

Wertanalyse ist das systematisch analytische Durchdringen von Funktionsstrukturen mit dem Ziel einer abgestimmten Beeinflussung von deren Elementen (z. B. Kosten, Nutzen) in Richtung einer Wertsteigerung. Sie bietet methodische Hilfe sowohl für eine Entscheidungsvorbereitung (z. B. Abgrenzen von Aufgaben, Beschreiben von Funktionen, Finden von Lösungen) als auch für die Verwirklichung im Rahmen der vorgegebenen Zielsetzung. Wesentliche Merkmale der Wertanalyse sind:

- Orientierung an einer quantifizierten Zielvorgabe

- funktionsorientierte Analyse und Logik sowie auf Zufall basierende Lösungssuche (z. B. Brainstorming)

- interdisziplinäre, nach Arbeitsplan ausgerichtete Gruppenarbeit

- auf menschliche Eigenarten zugeschnittene Vorgehensweise

Bild 3.38: Definition der Wertanalyse nach DIN 69910 [23]

In der Definition sind bereits drei wesentliche Systemelemente des Verfahrens benannt. Dies ist zum einen die „Methode" selbst, zum zweiten die „Verfahrensweise" und zum dritten das „Management". Der wesentliche Grundgedanke der wertanalytischen Arbeit ist die Methode, nämlich die streng analytische, systematische, neutrale und schrittweise Vorgehensweise im Prozess. Durch die Notwendigkeit, die Aufgaben in einem interdisziplinären Team zu bearbeiten und zu lösen werden die Mitarbeiter integriert. Des weiteren erzwingt die methodische Arbeit und die logisch aufeinander folgenden Prozessschritte natürlich auch ein konsequentes Abarbeiten der Einzelthemen, d.h. das Management des Projektes wird aus der methodischen Arbeitsweise erzwungen.

Die Stärke der Wertanalyse liegt in ihrer Universalität, d.h. die Methode ist in ihrer Anwendung nicht auf rein technische Probleme beschränkt, sondern sie kann in gleichem Maße auch für Geschäftsprozesse, Verwaltungsprozesse oder ähnliches eingesetzt werden. Die Wertanalyse folgt im wesentlichen immer dem Grundmuster der 6 Schritte, die in den Bildern 3.39- 3.45 dargestellt sind.

Grundschritt	Teilschritt	Anmerkungen zu den Grundschritten
1. Projekt vorbereiten	**1.1** Moderator benennen	Die Projektvorbereitung ist Voraussetzung für einen gesicherten Ablauf und gute Ergebnisse
	1.2 Auftrag übernehmen, Grobziele mit Bedingungen festlegen	
	1.3 Einzelziele setzen	
	1.4 Untersuchungsrahmen abgrenzen	
	1.5 Projektorganisation festlegen	
	1.6 Projektablauf planen	

Bild 3.39: Wertanalyse - 1. Schritt (nach DIN 69910)

In der Vorbereitung der Wertanalyse (Schritt 1) wird bereits der Grundstein für den späteren Erfolg oder Misserfolg des gesamten Prozesses gelegt. Neben den formalen Dingen wie „Bestimmung des Moderators", „Festlegen des Teams" und „Planung des Projektablaufes" ist die klare und eindeutige Definition des Prozesszieles der wichtigsten Teilschritte in dieser Prozessstufe. Bei manchen Projekten ist bereits diese Phase recht aufwendig. Trotzdem steht und fällt der Erfolg des ganzen Projektes mit der klaren Definition des Zieles und mit der sauberen und eindeutigen Abgrenzung des Untersuchungsumfangs.

Im zweiten Schritt des Projektes wird dann die Ist-Situation analysiert (Bild 3.40).

Das Ziel in dieser Phase ist, eine Relation zwischen den vorhandenen Funktionen und den durch sie bedingten Kosten herzustellen. Dazu müssen natürlich zunächst die Funktionen selbst ermittelt werden. In dieser Darstellung können die Funktionen dann auch im Hinblick auf ihre Wichtigkeit bewertet werden. Gleichzeitig werden alle relevanten Kosteninformationen gesammelt und den Funktionen zugeordnet.

Das Ergebnis dieses Prozessschrittes ist eine strukturierte Matrix, die den Istzustand beschreibt und in der die Funktionen den Kosten gegenübergestellt sind.

Grundschritt	Teilschritt	Anmerkungen zu den Grundschritten
2. Objektsituation analysieren	**2.1** Objekt- und Umfeld-Informationen beschaffen **2.2** Kosteninformationen beschaffen **2.3** Funktionen ermitteln **2.4** Lösungsbedingende Vorgaben ermitteln **2.5** Kosten den Funktionen zuordnen	Das Analysieren der Ausgangssituation des WA-Objektes bedeutet deren umfassendes Erkennen mit dem Zweck, durch Abstrahieren in Form von Funktionen ein möglichst breites Lösungs-feld zu erschließen. (Bei vorhandenem IST-Zustand stellt dieser die Objektsituation im Ausgangszustand dar.)

Bild 3.40: Wertanalyse 2. Schritt (nach DIN 69910)

Aufbauend darauf kann nun im nächsten Schritt der Sollzustand festgelegt wer-den (Bild 3.41). Ob nun ein Produkt weiterentwickelt werden soll, die Produkti-onskosten bei gleichen oder veränderten Eigenschaften (Funktionen)gesenkt wer-den sollen oder ob ein Geschäftsprozess neu und rationeller gestaltet werden soll ist völlig unerheblich - die Vorgehensweise ist in jedem Fall gleich.

Grundschritt	Teilschritt	Anmerkungen zu den Grundschritten
3. SOLL-Zustand beschreiben	**3.1** Informationen auswerten **3.2** SOLL-Funktionen festlegen **3.3** Lösungsbedingende Vorgaben festlegen **3.4** Kostenziele den SOLL-Funktionen zuordnen	

Bild 3.41: Wertanalyse 3. Schritt (nach DIN 69910)

Auch hier müssen wieder Informationen gesammelt und aufbereitet werden, die sich an den im 1. Schritt definierten Zielvorgaben orientieren müssen. Die Soll-Funktionen werden ebenfalls strukturiert und ihnen werden Kostenziele zugeordnet. Diese Kostenziele orientieren sich an den Forderungen der Kunden. Damit entsteht eine ähnliche Matrix wie im 2. Schritt, die allerdings das Sollprofil mit den Zielkosten verknüpft hat.

Mit diesen Schritten ist nun die Voraussetzung geschaffen, um nun für die neu definierten Zustände systematisch Lösungen zu entwickeln und zu prüfen (Bild 3.42).

Grundschritt	Teilschritt	Anmerkungen zu den Grundschritten
4. Lösungsideen entwickeln	4.1 Vorhandene Ideen sammeln 4.2 Neue Ideen entwickeln	Dieser Grundschritt ist der schöpferische Schwerpunkt des Elementes Methoden der Wertanalyse. Kreativitätsfördernde Maßnahmen und die Nutzung von Informationsquellen steigern die Quantität der Ideen. Eine große Ideenquantität erhöht die Wahrscheinlichkeit, über eine große Anzahl von Lösungsansätzen qualitativ hochwerte Lösungen zu finden.

Bild 3.42: Wertanalyse 4. Schritt (nach DIN 69910)

Der 4. Schritt des Wertanalyse-Prozesses ist eine rein kreative Arbeit. Vorhandene Ideen werden gesammelt und neue Ideen müssen entwickelt werden. In dieser Phase sind kreativitätsfordernde Hilfsmittel und Methoden notwendig, die dem Team helfen, qualitativ hochwertige Lösungsansätze zu vermitteln. Eine Sammlung verschiedener Methoden zur Unterstützung des Kreativitätsprozesses ist im Bild 3.43 zusammengestellt.

Ein Teil dieser Methoden wird auch in diesem Buch näher beschrieben, andere Begriffe dienen eher der Beschreibung möglicher Quellen für neue Ideen.

Im Zusammenhang mit der wertanalytischen Arbeit soll diese Zusammenstellung lediglich als Hinweis dienen, um dem Team in dieser Phase ein möglichst breites Spektrum an Quellen für neue Ideen zu geben. In der Regel werden die Lösungen dann durch Hinweise oder rudimentäre Lösungsansätze aus diesen Quellen geboren und müssen dann noch intensiv bearbeitet werden.

Wichtig ist an dieser Stelle jedoch nicht die Qualität der Lösungen, sondern die Vielfalt und Vielzahl möglicher Lösungsansätze.

Ideen entwickeln		Ideen sammeln	
Systematisch	Kreativ	Intern	Extern
• TRIZ • Morphologie • Analyse bekannter Produkte • Entscheidungs-baumverfahren • Kombinatorik	• Brainstorming • Mindmapping • 6-3-5 Methode • Synektik • Ideen-Delphi	• Betriebliches Vorschlags-wesen • Ideenwettbe-werb • Qualitäts-management	• Wettbewerbs-analyse • Messeanalyse • Kundenbe-fragung • Literaturaus-wertung • Forschungs-institute

Bild 3.43 Generieren neuer Ideen

Neben diesen methodischen Hilfestellungen ist allerdings auch die Diskussions- und Arbeitsstruktur mitverantwortlich für die Qualität des Ergebnisses. Klare Spielregeln im Umgang miteinander, eine offene Diskussion und ein guter Moderator sind wichtige Elemente für eine erfolgreiche Arbeit in dieser Phase. Darüber hinaus ist aber auch ein fester Zeithaushalt genauso wichtig wie ungestörtes Arbeiten.

Liegen dann eine Vielzahl von Vorschlägen vor, folgt der nächste wichtige Schritt in der wertanalytischen Arbeit - die gemeinsame Bewertung der Ideen (Bild 3.44.

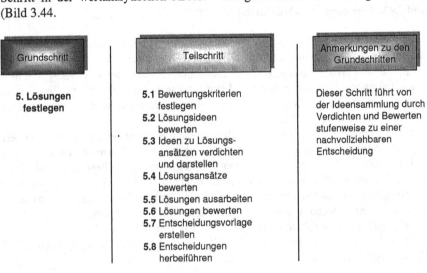

Grundschritt	Teilschritt	Anmerkungen zu den Grundschritten
5. Lösungen festlegen	5.1 Bewertungskriterien festlegen 5.2 Lösungsideen bewerten 5.3 Ideen zu Lösungs-ansätzen verdichten und darstellen 5.4 Lösungsansätze bewerten 5.5 Lösungen ausarbeiten 5.6 Lösungen bewerten 5.7 Entscheidungsvorlage erstellen 5.8 Entscheidungen herbeiführen	Dieser Schritt führt von der Ideensammlung durch Verdichten und Bewerten stufenweise zu einer nachvollziehbaren Entscheidung

Bild 3.44 Wertanalyse 5. Schritt (nach DIN 69910)

Auch hier gilt weiterhin die streng systematische und analytische Vorgehensweise. Mit Hilfe von eindeutigen und klaren Kriterien werden die unterschiedlichsten Lösungen bewertet. Eventuell müssen die Ideen nochmals überarbeitet oder zusammengefasst werden, bevor eine Lösung ausgewählt und ausgearbeitet werden kann.

Im letzten Arbeitsschritt (Bild 3.45) wird dann die Umsetzung der Lösung und deren Realisierung im Detail geplant und überwacht. Erst mit der erfolgreichen Einführung der Lösung in die Praxis kann ein Wertanalyseprojekt als abgeschlossen angesehen werden.

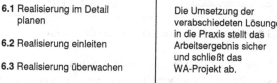

Grundschritt	Teilschritt	Anmerkungen zu den Grundschritten
6. Lösungen verwirklichen	6.1 Realisierung im Detail planen	Die Umsetzung der verabschiedeten Lösungen in die Praxis stellt das Arbeitsergebnis sicher und schließt das WA-Projekt ab.
	6.2 Realisierung einleiten	
	6.3 Realisierung überwachen	
	6.4 Projekt abschließen	

Bild 3.45 Wertanalyse 6. Schritt (nach DIN 69910)

Die wesentliche Stärke der Methode liegt in der systematischen und analytischen Arbeitsweise. Ein weiterer wichtiger Vorteil dieses Prozesses ist die teamorientierte Arbeit. Alle Beteiligten sind gleichermaßen in den Prozess eingebunden und tragen die gemeinsam gefundene Lösung. Aus diesem Grund ist durchgängige, interdisziplinäre Besetzung des Teams absolut notwendig. Im Bild 3.46 ist die ideale Konfiguration eines Wertanalyseteams eines Betriebes dargestellt.

Auch hier unterstütz die formale und konsequente Vorgehensweise das Projektmanagement in ausgezeichneter Weise. Verantwortliche werden benannt, Aufgaben werden zugeordnet und Termine werden vereinbart und überwacht. Erst wenn alle Aufgaben erledigt sind ist das Projekt abgeschlossen, was auch wieder in der Dokumentation nachvollziehbar ist.

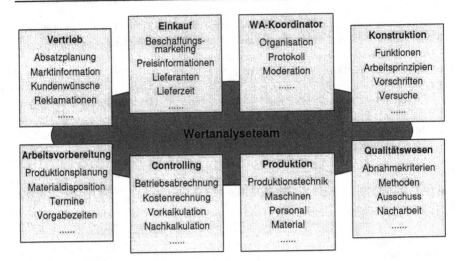

Bild 3.46 Zusammensetzung des Wertanalyseteams

Dabei übernehmen die unterschiedlichsten Fraktionen auch ihrer Kompetenz entsprechende Aufgaben innerhalb des Wertanalyseprojektes. Das bedeutet nicht zwangsläufig, dass jeder Mitarbeiter zu jedem Zeitpunkt im Team sein muss.

Neben diesen unbestreitbaren Vorteilen besitzt die Methode allerdings auch einen Nachteil. Die beschriebene Prozedur ist mit einem nicht unerheblichen Aufwand verbunden, der natürlich nur dann gerechtfertigt ist, wenn durch entsprechende Serienproduktion diese „Investition" wieder eingespielt wird.

Ein weiterer Nachteil in diesem Zusammenhang ist das Faktum, dass die Lösungsansätze bei dieser Vorgehensweise vielfach auf die Prinzipien, die in der bereits vorhandenen, zu verbessernden Lösung vorhanden sind, beschränkt bleiben.

Diese Punkte sind im Vorfeld der Planung eines Wertanalyse-Projektes zu beachten und sorgfältig abzuwägen. Der Aufwand für ein solches Projekt kann leicht bis zu 70% vom Aufwand für die Neuentwicklung betragen.

Dies bedeutet allerdings auch nicht, dass grundlegende Arbeiten nach wertanalytischem Muster nur Produkten und Prozessen vorbehalten ist, die unter Serienbedingungen hergestellt werden bzw. ablaufen. Vielmehr kann auch bei Neuentwicklungen z.B. im Sondermaschinen- oder Anlagenbau – also typische Einzelfertigungen – im Rahmen der Lösungsfindung der wertanalytische Grundgedanke sehr wirksam und effektiv eingebracht werden.

Auch für die Wertanalyse gilt das eingangs formulierte Statement, dass die Methode der jeweiligen Problemstellung angepasst werden muss.

3.1.11 Bewertungsverfahren

Die Verkürzung von Projekten und die Parallelisierung von Aufgaben innerhalb von Projekten führen zu einer steigenden Komplexität und erschweren damit das Controlling des Projektfortschritts.

Neben den bisher beschriebenen Methoden und den darüber hinaus noch denkbaren weiteren systematischen Werkzeugen innerhalb der Projektarbeit ist es jedoch von entscheidender Bedeutung für den Erfolg eines Projektes, dass zu jeder Zeit ein objektives und transparentes Bild über den aktuellen Arbeitsstand erzeugt und präsentiert werden kann. Dies gilt sowohl in der Darstellung nach außen, z.B. gegenüber Vorgesetzten, aber noch mehr nach innen gegenüber den Teammitgliedern.

Bestimmung des Projektreifegrades

Die Bestimmung des Projektreifegrades bietet die notwendige Hilfestellung, um an vordefinierten Meilensteinen den aktuellen Projektstand mit der Sollvorgabe abzugleichen (Vergangenheitsbetrachtung) und / oder im Rahmen einer vorausschauenden Bewertung die Erreichung des Projektzieles abzuschätzen (Zukunftsbetrachtung) [3].

Die Beurteilung der aktuellen Situation des Projektes bzw. die Einschätzung der Erreichung des Projektzieles erfolgt im Team durch die beteiligten Experten. Die Bewertung wird mit Hilfe der im Bild 3.47 dargestellten Ampelmethodik durchgeführt. Die einfache Einteilung durch die Ampelfarben rot, gelb und grün kann durch die nachfolgenden Beurteilungen verfeinert werden.

Projektziel wird / ist voraussichtlich nicht erreicht	1	Projektziel nicht mehr erreichbar; Auswirkungen auf Gesamtprojekt; Abbruch
	2	Projektziel wird / ist nicht erreicht; Auswirkungen auf Einzelprojekte; Abbruch prüfen
	3	Projektziel ist / wird nicht erreicht; Maßnahmen sind nicht definiert; Chancen vorhanden
Projektziel wird mit eingeleiteten Maßnahmen erreicht	4	Projektziel kann durch eingeleitete Maßnahmen erreicht werden; Maßnahmen sind definiert; Risiko vorhanden
	5	Projektziel wird durch eingeleitete Maßnahmen erreicht; Maßnahmen müssen überwacht werden
	6	Projektziel wird durch erprobte Maßnahmen erreicht; Überwachung sinnvoll
Projektziel wird / ist erreicht	7	Projektziel wird erreicht; Maßnahmen sind nicht notwendig
	8	Projektziel wird genau erreicht
	9	Projektziel übertroffen

Bild 3.47: Beurteilung des Projektreifegrades

Leistungsbeurteilung

Das Wesen eines Geschäftsprozesses ist eine Leistung, die der eine Partner innerhalb des Prozesses erbringt und die der andere Partner erwartet. Die Prozesse sind im allgemeinen Teilprozesse eines komplexen Gesamtprozesses und im Falle des Nichtfunktionierens bewirkt die Störung eines Teilprozesses, dass der Gesamtprozess z.T. massiv gestört wird.

Die innerhalb des Prozesses erbrachte Leistung wird nun von den beiden Partnern in der Regel unterschiedlich beurteilt. Der Lieferant oder Erbringer der Leistung hat eine bestimmte Vorstellung von der Art, wie er die Leistung erbringt, die in der Regel abweicht von der Sichtweise des Kunden und somit von seinen Erwartungen. Diese unterschiedlichen Sichtweisen können dann sowohl im Hinblick auf den Erfüllungsgrad oder die Güte der Leistung als auch im Hinblick auf die Wichtigkeit der Leistung bewertet werden (Bild 3.48).

Umfang der Leistung		
Qualitäts- kriterien		
Erfüllungsgrad der Qualitätskriterien		
aus Sicht des Lieferanten	aus Sicht des Kunden	
Defizite:		
Abhilfemaß- nahmen		
Datum:	*Lieferant*	*Kunde*

Bild 3.48: Leistungsbeurteilung

Das Formblatt unterstützt die unterschiedlichen Phasen eines Beschaffungsvorgangs. So können zunächst bei der Bestellung die Umfänge der Leistungen und deren Qualitätsmerkmale vereinbart werden. Anschließend können dann bei der Lieferung die Qualitätsmerkmale geprüft werden und – im Falle von Abweichungen – Abhilfemaßnahmen festgelegt werden. Dieser Prozess kann dann im Sinne eines Qualitätsaudits dokumentiert und kontrolliert werden.

Mit Hilfe der im Bild dargestellten Vorgehensweise lassen sich nun diese unterschiedlichen Sichtweisen aufdecken und visualisieren. Die Unterschiede werden klar und die Gründe dafür können analysiert und beseitigt werden. Das Beurteilungsverfahren ist nicht auf diesen Einsatzfall beschränkt, sondern kann immer dort eingesetzt werden, wo Leistungen oder Projektabschnitte im Hinblick auf ihre Güte und Wichtigkeit zu bewerten sind.

In erweiterter Form lässt sich dieser Prozess auch für die Beurteilung von Mitarbeitern einsetzen. Gemeinsam werden der Vorgesetzte und der Mitarbeiter eine Leistung oder Ziel vereinbaren. Um die Erfüllung dann zu prüfen müssen Kriterien vorgegeben werden. Nach Erreichen der Ziele kann es dann auch unterschiedliche Sichtweisen geben über den Erfüllungsgrad aus Sicht der Vorgesetzten und des Mitarbeiters. Diese Diskussion bietet dann die Basis für eine Leistungsbeurteilung der Mitarbeiter.

Review Technik

Die Review Technik ist die allgemeine Methode, die verschiedenen Review-Verfahren zugrunde liegt. Ob es sich hier um ein Design-Review oder um die Definition von Quality-Gates im Projektablauf handelt – gemeinsam ist allen Prozeduren, dass in Anlehnung oder auf Basis des Netzplanes eines Projektes (Produktentwicklung, Design, Technologieoptimierung ...) Meilensteine in dem Projektplan definiert sind. Beim zeitlichen Erreichen dieser Meilensteine werden vorab festgelegte Ziele im Hinblick auf ihren Erfüllungsgrad geprüft und bewertet. Innerhalb des Netzplanes können dabei sowohl operative Meilensteine, z.B. für die Terminsteuerung von Einzelprojekten, als auch Meilensteine (Quality Gates) für das Review des kompletten Projektes angewendet werden. Im Bild 3.49 ist der Ausschnitt eines Netzplanes eines Projektes dargestellt, das aus mehreren Einzelprojekten besteht.

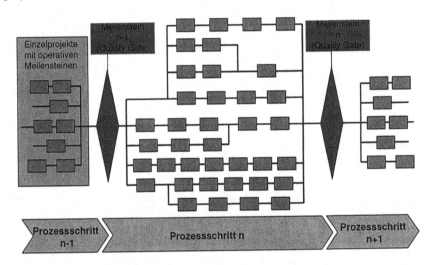

Bild 3.49: Ausschnitt eines Netzplanes mit Projektabschnitten oder Einzelprojekten und mit operativen Meilensteinen (Quality Gates)

Für die Anwendung dieser Methodik sind folgende Regeln zwingend einzuhalten:

- Vor Projektbeginn sind für alle Teilprojekte die Verantwortlichen schriftlich zu benennen.

- Mit den Projektverantwortlichen wird festgelegt, zu welchem Projektabschnitt (und damit zu welchem Quality Gate) das Teilprojekt gehört.

- Für jedes Teilprojekt werden mit den Beteiligten die zum Ende des Projektabschnittes zu erreichenden Ziele verbindlich festgelegt.

- Bei Nichterreichung der Ziele wird die weitere Vorgehensweise schriftlich fixiert und der obersten Leitung vorgeschlagen.

- Alle Bedingungen (auch Termine) der Quality Gates sind auch für die Geschäftsführung verbindlich.

Charakteristisch für die Reviewtechnik – dies gilt für alle Anwendungen – ist, dass für einzelne Prozessabschnitte definierte Ziele vorab schriftlich fixiert und vereinbart sind. Für diese Zielgrößenvereinbarung bieten sich Checklisten nach dem in Bild 3.50 dargestellten Muster an.

Darüber hinaus gibt es für die jeweiligen Problemstellungen angepasste Fragenkataloge und Checklisten. Im Anschluss ist der typische Fragenkatalog für ein Desigen-Review aufgelistet. Diese Zusammenstellung dient nur als Vorlage und Vorschlag. Auch hier muss im Einzelfall die notwendige Anpassung durchgeführt werden.

	Voraussetzungen	Messgrößen	Termin	Kunde	Lieferant	Status
1	Termingerechte Anlieferung	Termin		Selbst	A	
2	Vorbereitung Bau	Termin		Selbst	Selbst	
3	Technologie	Prozesssichere Funktion		Selbst	Selbst	
4						
5						
6						

Bild 3.50: Checkliste für Quality Gates

Für das Durchschreiten eines Quality Gates müssen die Zielvereinbarungen von allen Beteiligten erfüllt sein und schriftlich bestätigt werden.

Werden die vereinbarten Ziele nicht erreicht, so müssen Alternativen gesucht und festgelegt werden oder es sind Maßnahmen zur Erreichung der Ziele schriftlich zu fixieren. Führen diese Aktivitäten nicht in angemessenen Zeiträumen zum Erfolg, so ist das Projekt abzubrechen.

Der typischer Fragenkatalog für ein Design-Review kann wie folgt aussehen:

- Allgemeines:

    o   Können vorhandene Elemente verwendet werden?

    o   Können einzelne Forderungen reduziert werden?

- o   Sind Methoden der Wertanalyse / -gestaltung angewendet worden?

- Leistungsparameter:

    - o   Welches sind die maßgebenden Leistungsparameter?
    - o   Wie wurde die Einhaltung sichergestellt?
    - o   Wie kann dies überprüft werden?

- Bauteile und Werkstoffe:

    - o   Gibt es Alternativen zu den ausgewählten Elementen?
    - o   Sind Verträglichkeitsaspekte berücksichtigt worden?

- Zuverlässigkeit:

    - o   Instandhaltbarkeit (R&M)
    - o   Sicherheit
    - o   Herstellbarkeit
    - o   Ergonomie
    - o   Standardisierung
    - o   Prüfbarkeit
    - o   Umwelteinflüsse
    - o   Verpackung / Transport
    - o   Vorgaben des Gesetzgebers

Dieser Fragenkatalog soll nur als Anregung dienen, um im konkreten Anwendungsfall eine für das Projekt zugeschnittene Beurteilungsvorlage zu erstellen. Auch hier gilt natürlich, dass eine solche Checkliste im Vorfeld entwickelt und allen Beteiligten zugänglich gemacht wird. Damit gelten die Maßstäbe im vorhinein als vereinbart und sollen nachher nicht willkürlich verändert werden.

Auswahl und Bewertung von neuen Lösungen

Ein wesentlicher und wichtiger Schritt im Rahmen der Entwicklungsarbeit ist die Beurteilung und Bewertung der erarbeiteten Lösungen. Diese Prozedur ist wiederum sehr unterschiedlich je nach Art und Stand der Entwicklungsaufgabe. In der frühen Phase einer Innovation von sehr komplexen Anlagen oder Maschinen sieht die Aufgabe der Bewertung verschiedener Lösungen anders aus, als in einer späteren Projektphase, wo z.B. für einzelne Baugruppen technische Lösungen gegeneinander beurteilt und bewertet werden müssen. Gemeinsam ist jedoch allen Evaluierungsprozessen die Beurteilung im Hinblick auf die Erfüllung der technischen Forderungen einerseits und der Möglichkeit die Kostenziele zu realisieren andererseits.

Bei dieser Prozedur können diese Kriterien beliebig verfeinert werden. Allerdings ist es notwendig, hier im Vorfeld klare Definitionen für die einzelnen Merkmale zu fixieren und diese auch im folgenden Beurteilungsprozess konsequent zu nutzen. Gerade in diesem Schritt steckt die Gefahr, dass aufgrund der Diskussion die Kriterien inhaltlich verändert werden. Damit verschieben sich die Beurteilungsergebnisse und sind objektiv nicht mehr miteinander vergleichbar. Diese Gefahr ist dabei um so größer, je allgemeiner die Kriterien gewählt sind. Je konkreter die Beurteilungsmerkmale formuliert werden, je geringer ist diese Gefahr. Allerdings steigt mit dem Konkretisierungsgrad auch die Anzahl der Kriterien schnell an, so dass der Aufwand für die Beurteilung auch zunimmt. Nachfolgend sollen anhand von zwei Beispielen aus recht unterschiedlichen technischen Bereichen die Bandbreite der Beurteilungsmöglichkeiten dargestellt werden.

Potenzialanalyse

Sowohl bei Entwicklungsaufgaben, die eher die Charakteristik einer Wertanalyse haben, als auch zu einem sehr frühen Zeitpunkt innerhalb von Innovationsprojekten bietet es sich an, mit Hilfe einer Potenzialanalyse eine erste Abschätzung für den möglichen Erfolg der Aktivitäten durchzuführen. Zum einen lassen sich damit die einzelnen Maßnahmen selbst systematisch erfassen und bewerten, und zum zweiten können diese Maßnahmen in unterschiedlichen Paketen gebündelt und beurteilt werden. Darüber hinaus können diese einzelnen Aktivitäten im Sinne einer ROI-Bewertung analysiert und beurteilt werden. Als Anregung ist im Bild 3.51 ein Vorschlag für ein Formular zur systematischen Erfassung der einzelnen Maßnahmen dargestellt.

Der Grundgedanke der Potenzialanalyse ist zunächst die systematische und konsequente Sammlung von möglichen Lösungsansätzen für eine Entwicklungsaufgabe bzw. Problemlösung. Dies gilt sowohl für Neuentwicklungen aus auch für Weiterentwicklungen.

	Potenzialanalyse							
Beschreibung des Zieles					Herstellkosten: ___ Zielkosten ___			
Teilnehmer:					Datum: Änderung: ___			
Nr.	Lösungen	Vor-/Nachteile (Kundennutzen)	Risiko (techn. Risiko, Neukonstruktion etc.)	Bezugskosten	Kosten	Einsparung pro Maschine	Realisierungswahrsch.
Baugruppe A							
1							
2							
3							
4							
5							
6							
Baugruppe B							
Zusammenfassung:							

Bild 3.51: Formblatt zur Potenzialanalyse

Dieser Prozess soll durchaus die Charakteristik eines Brainstorming haben, d.h. in einer solchen Kreativphase sind alle Ideen erlaubt und sollen notiert werden. Mögliche technische Lösungen werden kurz skizziert und Einschränkungen, Randbedingungen und Risiken werden notiert.

Nachdem die Sammlung der Vorschläge abgeschlossen ist, werden nun die einzelnen Maßnahmen einer ersten Kostenabschätzung einerseits im Hinblick auf ihr Einsparpotenzial und andererseits bezüglich des Aufwands unterworfen. Natürlich ist diese Abschätzung mit einer gewissen Unsicherheit behaftet. Diese Unschärfe ist allerdings bei allen Maßnahmen gleich, so dass die Bewertungen untereinander durchaus vergleichbar sind.

Das folgende Bild 3.52 zeigt beispielhaft auszugsweise eine Potenzialanalyse, die im Zuge der Überarbeitung einer Werkzeugmaschine durchgeführt wurde.

So sind für die Trägergruppen des Werkzeugmagazin unterschiedliche Lösungsansätze für einzelne Unterbaugruppen oder Bauteile definiert. Die Bewertung erfolgt zunächst anhand der möglichen Vor- und Nachteile für den Kunden im Vergleich zur bestehenden Lösung. Dann erfolgt die Einschätzung des technischen Risikos und eine Abschätzung der Kosten dieser neuen Lösung. Aus dem Vergleich mit den Kosten der aktuellen Technik kann das mögliche Einsparpotenzial ermittelt werden. Zum Schluss kann dann noch eine Einschätzung der Realisierungswahrscheinlichkeit der so bewerteten Lösung vorgenommen werden.

In dieser Tabelle werden nun alle Möglichkeiten aufgelistet, unabhängig davon ob und wie diese Lösungen miteinander eingesetzt werden können.

Potenzialanalyse Werkzeugmagazin							⊞
Aktueller Stand: Das heutige Werkzeugmagazin ist vom Prinzip her eine gut funktionierende Lösung, die einen extrem schnellen Werkzeugwechsel für den 2- und 3-Spindler ermöglicht. Allerdings sind die Herstellkosten zu hoch.					Herstellkosten: Zielkosten Datum: Änderung:		34.800,- € 24.300,- € 26. Mrz 03
Nr.	Lösungen	Vor-/Nachteile (Kundennutzen)	Risiko (techn. Risiko, Neukon. etc.)	Bezugs-kosten	Kosten	Einspa-rung pro Maschine	Real.-wahrsch.
Konzept							
1	Grundmagazin mit max. 60 Werkzeugen und Speichererweiterung (Voraussetzung ist eine technisch sichere und vom Kunden akzeptierte Magazinerweiterung); bedingt eine völlige Überarbeitung des Maschinenkonzeptes (Versandbreite 2,5 m)	(+) Reduzierung der Grundausrüstung (+) Reduzierung der Maschinenbreite	Neukonstruktion Speichererweiterung - Lösung für den 3-Spindler?			erste Ein-schätzung 10.000,-€ über alles	
Trägerbaugruppe				12.600 €			
1	Träger als Blechbiegeteil (Hutprofil) unbearbeitet	(+) Gewichtsreduzierung (-) zusätzlicher Ausrichtaufwand für Kassette	Neukonstruktion	291 €	26 €	2.650 €	80%
2	Träger als Schweißteil aus Biege- und Brennteilen Basisfläche bearbeitet	(+) Gewichtsreduzierung (+) optimierte Durchbiegung	Neukonstruktion	291 €	55 €	2.360 €	95%
3	Säule als 6-kt-Material (nur Enden bearbeitet)	(+) Gewichtsreduzierung (+) geringer Aufwand	Neukonstruktion	138 €	14 €	2.480 €	95%

Bild 3.52: Auszug aus einer Potenzialanalyse

Das Projekt hatte eine recht komplexe Zielsetzung, wobei jedoch zu einem möglichst frühen Zeitpunkt eine Aussage über die wirtschaftlichen Auswirkungen gemacht werden sollte. Im wesentlichen galt es dabei 3 Fragestellungen zu untersuchen:

1. Einsparung aktuelle Maschine:

Durch kurzfristig umsetzbare Maßnahmen sollen Kostensenkungen realisiert werden. Mit welchen Maßnahmen kann dies realisiert werden, welche Kosteneinsparungen sind damit erreichbar und welcher finanzielle Aufwand ist dafür notwendig?

2. Einsparung Wertanalyse:

Alternativ zu den kurzfristigen Maßnahmen kann die Maschine wertanalytisch überarbeitet werden, wobei das Grundprinzip und die Grundkonfiguration der Maschine beibehalten werden sollen. Mit welchen Lösungen kann dieses Ziel erreicht werden, welche Kosteneinsparungen werden damit möglich und welcher Aufwand ist mit diesem Paket verbunden?

3. Einsparung „Neues Konzept":

Die dritte Zielsetzung umfasst eine komplette Neukonzeption der Maschine unter Beibehaltung der Anwendungsmärkte. Aus dieser Themenstellung ergeben sich wiederum andere Lösungsansätze, die ebenfalls hinsichtlich Aufwand und Nutzen analysiert und bewertet werden. Dieses Projekt hat die längste Zeitachse, was ebenfalls in die Bewertung für die Entscheidung zur Umsetzung eingeht.

In der Stoffsammlung für die Potentialanalyse sind zunächst alle Ideen gesammelt, die es erlauben die heute implementierten Funktionsumfänge technisch gleichwertig oder besser zu ersetzen, wobei die neue Lösung auch kostengünstiger als die alte sein sollte.

Diese Bewertung erfolgt unter dem Blickwinkel der jeweiligen Zielsetzung, da diese die möglichen Lösungen und deren Kombinationen bestimmen. Mit dem Einsparpotenzial und dem notwendigen Aufwand für die Realisierung der jeweiligen Maßnahmenpakete können diese nun im Sinne einer Investitionsrechnung bewertet und an den Unternehmenszielen gespiegelt werden.

Im Bild 3.53 sind die Ergebnisse der Potenzialanalyse des gesamten Projektes unter dem Blickwinkel der obigen Fragestellung zusammengefasst.

Baugruppe		Ausgangs-wert	Zielgröße (Ausg.wert - 30%)	Einsparung akt. Maschine	Einsparung Wertanalyse	Einsparung „Neues Konzept"
Grundeinheit	min.	85.000 €	59.500 €	18.600 €	27.100 €	27.100 €
	max.			20.600 €		
Werkstückseite	min.	90.000 €	63.000 €	2.000 €	26.500 €	26.500 €
	max.					30.000 €
Werkzeugmagazin	min.	36.000 €	25.200 €	10.500 €	10.500 €	23.000 €
	max.			23.000 €	23.000 €	26.000 €
KSS-Anlage	min.	32.000 €	22.400 €	6.100 €	6.100 €	6.100 €
	max.					
Einhausung	min.	25.000 €	17.500 €	2.000 €	7.000 €	10.000 €
	max.					
Rest	min.	97.000 €	67.900 €	3.500 €	3.500 €	3.500 €
	max.					
Summe	min.	365.000 €	255.500 €	42.700 €	80.700 €	96.200 €
	max.			57.200 €	93.200 €	102.700 €

Bild 3.53: Zusammenfassung der Potentialanalyse

Die Zusammenfassung zeigt, dass mit Hilfe von kurzfristig umsetzbaren Einsparmaßnahmen an der aktuellen Maschine ca. 42.000,00 - 55.000,00 € erreicht werden können. Aufwendigere und zeitintensivere Maßnahmen mit wertanalytischem Charakter ermöglichen Kostensenkungen in einer Größenordnung von ca. 80.000,00 - 83.000,00 €. Darüber hinaus gehende Kostenreduzierungen bedingen eine Neukonzeption der Maschine, da diese Einsparungen nicht mehr mit dem bisherigen Maschinenkonzept realisiert werden können.

Mit Hilfe der hier beispielhaft beschriebenen Vorgehensweise kann mit moderatem Aufwand in recht kurzer Zeit eine qualifizierte Aussage über mögliche Kosteneinsparungen gemacht werden. Weitere Gesichtspunkte aus strategischer Sicht können in der nun folgenden Diskussion um eine Entscheidung mit berücksichtigt werden.

Variantenbewertung

Zu Beginn eines Entwicklungsprozesses steht in der Regel immer die Frage, welche Lösungsvarianten zur Erfüllung der angestrebten Zielsetzung die geeignete ist. Das hier beschriebene Verfahren eignet sich vor allem dann, wenn eine recht große Vielfalt von Kombinationen in unterschiedlichen Stufen vorliegen. Dazu werden zunächst die Grundfunktionen der zu entwickelnden Maschine oder Baugruppen bestimmt. Für diese Basisfunktionen werden nun unterschiedliche Lösungen im Sinne eines morphologischen Kastens dargestellt.

Gemäß vorher vereinbarten Kriterien werden die Varianten nun bewertet. In einem mehrstufigen Prozess kann diese Vorgehensweise wiederholt werden bis eine endgültige Lösung für das Gesamtproblem ermittelt werden konnte.

Am Beispiel eines Ventils soll diese Prozedur verdeutlicht werden. In Bild 3.54 ist die Entwicklungsaufgabe formuliert. In seiner Grundversion soll das Ventil die Funktionen Mengenregelung, Rückschlag, Leerlauf- und Stopp-Entlüftung realisieren. Jede dieser Funktionen kann durch die Lösungsprinzipien Ballon, Blende, Klappe, Schieber, Ventilplatte oder Pilz realisiert werden - allerdings in unterschiedlicher Art und Weise.

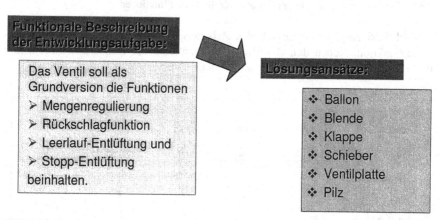

Bild 3.54: Entwicklungsumfang und Lösungsansätze

In dem ersten Schritt werden die verschiedenen Lösungen nun für alle Funktionen jeweils separat bewertet (Bild 3.55). In diesem Falle erfolgt die Bewertung nach den Kriterien Funktionserfüllung, Kosten und Machbarkeit.

Je nach Anzahl möglicher Lösungen erhält die beste Variante 4 bzw. 5 Punkte und die ungünstigste Variante wird mit 1 Punkt bewertet. Anschließend werden die Bewertungen addiert und man erhält für jede Funktion eine optimale Lösung.

Funktion	Mengenregelung				
Variante:	Ballon	Blende	Klappe	Ventilpl.	Schieber
Funktionserf					
Kosten					
Machbarkeit					
Summe					
Ranking					

Funktion	Rückschlagfunktion				
Variante:	Lamelle	Pilz	Klappe	Ventilpl.	Schieber

Funktion	Stopp - Entlüftung			
Variante:	Pilz	Magnetv.	Ventilpl.	Schieber
Funktionserfüllung	4	2	3	1

Funktion	Leerlauf - Entlüftung			
Variante:	Pilz	Magnetv.	Ventilpl.	Schieber
Funktionserfüllung	4	2	3	1
Kosten	4	1	3	2
Machbarkeit	4	1	3	2
Summe	12	4	9	5
Ranking	1	4	2	3

Bild 3.55: Bewertung der Lösungsansätze für die Grundfunktionen

Bild 3.56 zeigt exemplarisch das Arbeitergebnis für die Lösung der Rückschlagfunktion. Neben den Begriffen dokumentieren die Handskizzen recht klar und eindeutig das Ergebnis der Diskussionen.

Rückschlagfunktion	Lamelle V_1	Peppet V_2	Klappe V_3	Ventilplatte V_4	Schieber V_5	
- Δp						
- Öffnungszeit						
- Dichten	4	3	5	2	1	F
- Kein Öl nach außen lassen	5	4	3	2	1	P
	4	2	5	3	1	M
	13	9	13	7	3	
	①	②	①	③	④	

F – Funktionssicherheit
P – Preis
M - Machbarkeit

Bild 3.56: Skizzen und Bewertungen zur Rückschlagfunktion

Die technische Funktion des jeweiligen Lösungsansatzes ist deutlich und die Bewertung kann zu einem späteren Zeitpunkt immer wieder nachvollzogen werden. Das Arbeitsergebnis bildet in dieser Form auch eine hervorragende Grundlage für die folgende technische Ausarbeitung der Konzeption in der Konstruktion.

In der zweiten Prozessstufe werden nun die gefundenen Lösungen so kombiniert, dass die formulierte Entwicklungsaufgabe gelöst werden kann. Dabei werden natürlich zunächst die als optimal gefundenen Lösungen kombiniert, was jedoch nicht immer sinnvoll sein muss. Hier können auch Kombinationen mit nicht optimalen Einzellösungen zu erfolgversprechenden Gesamtlösungen kombiniert werden (Bild 3.57).

Variante	Rück-schlag-funktion	Stoppent-lüftung	Leerlauf-entlüftung	Mengen-regulierung
1	Klappe	Pilz	Ventilplatte	Klappe
2	Lamelle	Pilz	Ventilplatte	Klappe
3	Pilz	Pilz	Pilz	Pilz
4	Schieber	Schieber	Schieber	Schieber
5	Lamelle	Pilz	Pilz	Schieber
6	Klappe	Pilz	Ventilplatte	Schieber

Bild 3.57: Kombination der Einzellösungen zur Gesamtlösung

So entstanden insgesamt 6 Lösungsansätze, die ebenfalls wieder mit den Kriterien Funktionserfüllung, Kosten und Machbarkeit bewertet werden. Das Ergebnis ist im Bild 3.58 zusammengestellt. Aufgrund der Bewertung haben die 3 Lösungen 1-3 deutliche Vorteile gegenüber den Varianten 4-6. Diese Konzeptansätze werden nun weiter ausgearbeitet und können dann einer erneuten, detaillierten Bewertung unterzogen werden.

Der Vorteil der hier beschriebenen Bewertungsprozedur liegt in seiner Kürze, der Transparenz und der Nachvollziehbarkeit.

Damit zwingt auch diese Methode das Team zu einer klaren und gemeinsamen Aussage, wobei der Aufwand zum Erreichen des Zieles – gemessen an der Komplexität des Problems – recht moderat ist.

Variante:	Bewertung				
	Funktions-erfüllung	Kosten	Mach-barkeit	Gesamt	Ranking
1	6	4	4	14	2
2	4	5	5	14	2
3	5	6	6	17	1
4	1	1	1	3	6
5	2	2	2	6	5
6	3	3	3	9	4

Bild 3.58: Bewertung der Gesamtlösungen

3.1.12 Reliability & Maintainability (R&M)

Die bisher beschriebenen Methoden und Verfahren zielten hauptsächlich darauf ab, im Entwicklungsprozess und zum Teil in organisatorischen Abläufen Unterstützung zu bieten. Ein zentrales Anliegen dabei ist vor allem die konsequente, systematische Arbeit, mit der die jeweilige Methode das Team zu gemeinsamen, sachlich orientierten Lösungen und Entscheidungen führt.

Einem ähnlichen Grundgedanken folgt das Prinzip „Reliability & Maintainability" – zu deutsch Zuverlässigkeit & Wartbarkeit – oder kurz R & M.

Die Idee, die hinter dem Prinzip steckt, ist im Grunde genommen recht einfach, nämlich eine klare und saubere Strukturierung aller Kosten in einem Produktionsprozess. Diese Transparenz verfolgt dann verschiedene Ziele. Zum einen sollen natürlich die laufenden Produktionskosten eindeutig den Verursachern zugeordnet werden, so dass hier an jeder Ursache Optimierungen im Sinne einer Kostenreduzierung durchgeführt werden können. Mit der kontinuierlichen Beobachtung sollen die Fehler erkannt und durch Maßnahmen abgestellt werden, so dass letztlich die Produktivität steigt. Ein zweites Ziel ist es, die gesamten Produktionskosten im Sinne einer Life-Cycle-Cost-Kalkulation (LCC) über eine größere Periode hinweg zu erfassen und darzustellen.

Dieser betriebswirtschaftlich orientierte Ansatz ist erheblich exakter – aber auch aufwendiger – als dies mit einer klassischen Zuschlagskalkulation möglich wäre. Neben den üblichen Elementen wie Investitionen (Abschreibungen) Werkzeug-, Betriebsmittel-, Verbrauchs- und Personalkosten werden auch Elemente wie die Akquisitions-, Wartungs- und Instandhaltungskosten, Schulungen usw. in der Gesamtkalkulation berücksichtigt. Im Bild 3.59 sind alle Elemente einer solchen Life-Cycle-Cost-Kalkulation (LCC) für eine Produktionsanalyse z.B. in der Automobilfertigung zusammengefasst.

Einzelne Elemente dieser Betrachtung sind recht einfach und eindeutig, wohingegen bei anderen Elementen in dem Bild deutlich wird, dass diese nur mit entsprechendem organisatorischen und zeitlichen Aufwand ermittelt werden können. Darüber hinaus werden mit dieser Betrachtung aber noch weitere Ziele verfolgt, die wiederum für den Entwickler wichtig und interessant sind.

Aus der Analyse der laufenden Beobachtungen z.B. von den bereits erwähnten Produktionsanlagen lassen sich hervorragend die Schwachstellen aufdecken, die im Laufe des „Lebens" eines solchen Systems auftreten. Das sind natürlich wieder wichtige Informationen für Neuentwicklungen – ähnlich wie die beschriebene Fehleranalyse in Kap. 2.4. Andererseits verhilft die Betrachtung auch zu qualifizierten Grundlagen für mögliche Neuinvestitionen.

Bei einer solchen Analyse kann durchaus das Ergebnis so aussehen, dass die aufgrund des niedrigen Investitionsvolumens vermeintlich preiswertere Produktionsanlage bei Betrachtung unter Life–Cycle–Gesichtspunkten erheblich teuer ist, als die laut Angebot zunächst teurere Maschine.

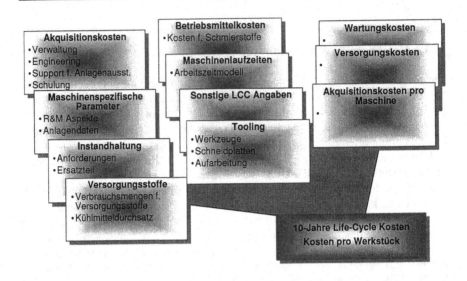

Bild 3.59: Elemente der Life–Cycle–Cost Kalkulation

Der Prozess selbst für die Erfassung und Aufbereitung der für eine umfassende Analyse notwendigen Daten ist im Bild 3.60 aufgerissen.

Die wesentlichen Ziele der R & M- Aktivitäten – nämlich die Senkung der Fehlerkosten und der Fehlerhäufigkeit zugunsten einer wachsenden Produktivität – sind unten nochmals skizziert. Ziel ist es mit Hilfe der Methode über die Zeit die Fehlerhäufigkeit und damit die Fehlerkosten zu senken, um so über die resultierende Produktivitätssteigerung die Wirtschaftlichkeit zu verbessern.

In der oberen Bildhälfte sind die wesentlichen Stationen dargestellt, die bei der Erstellung eines Produktionssystems durchlaufen werden. Der Lieferant erstellt das Angebot und konstruiert und produziert die Anlage nach dem Auftragseingang. Mit der Aufstellung und Inbetriebnahme geht die Verantwortung dann allmählich über an den Kunden, der das Produktionssystem dann betreibt. In allen diesen Prozessstufen werden neue Erfahrungen gewonnen und es können bereits vorhandene Erfahrungen aus früheren Prozessen in Form von Verbesserungsmaßnahmen genutzt werden.

Insbesondere während des Betriebs der Anlage können eine Menge an Informationen gesammelt werden, die sowohl für die kontinuierliche Verbesserung in der laufenden Produktion als auch für Verbesserungen in Zukunft genutzt werden.

Aus dem Bild wird allerdings auch deutlich, dass zum Aufbau eines funktionierenden Systems eine große Menge Daten organisiert und viele Informationsflüsse gestaltet werden müssen. Auch hier gilt wieder, dass zwar die grundlegenden Zusammenhänge allgemeingültig dargestellt werden können, für die praktische Umsetzung im Einzelfall jedoch wieder die spezifischen Randbedingungen beachtet werden müssen.

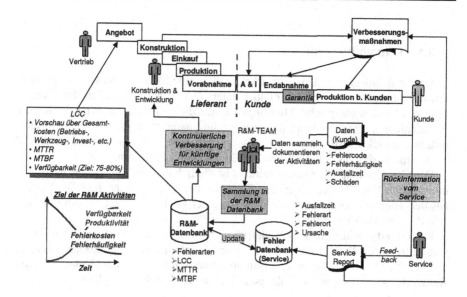

Bild 3.60: R & M Prozess

Der in Abschnitt 2.4 beschriebene Fehlerschlüssel bildet z.B. ein wichtiges E-lement beim Aufbau eines derartigen Informations- und Kommunikationssystems. Die Fehler-Datenbank (im Service) erfasst und beschreibt die Ausfallzeiten, Fehlerarten, Fehlerorte und -ursachen. Eine Verdichtung dieser Daten bezogen auf die Produktionsanlage führt so beispielsweise zu Aussagen über „Meantime to Repair" (MTTR), „Meantime between Failure" (MTBF) oder die Life-Cycle-Cost (LCC).

An dieser Stelle sei auch auf die notwendige Flexibilität eines solchen Systems hingewiesen, d. h. das System muss die Möglichkeiten bieten, Standardberichte zu erzeugen aber auch jederzeit neue Kriterien in der Auswertung der vorhandenen Daten zu berücksichtigen.

Wichtig ist bei der Installation derartiger Systeme, dass sie einerseits schnell in Betrieb gehen und andererseits aber auch die Möglichkeit haben, später entsprechend den aktuellen Anforderungen ausgebaut und angepasst zu werden.

3.1.13 Qualitätszirkel

Unter der Bezeichnung „Qualitätszirkel" wurde eine Methode entwickelt, die den Entwicklungsprozess nicht unmittelbar unterstützt, wie es eigentlich der Zielsetzung des Buches entspricht. Allerdings verhilft dieser Prozess zu einer Fülle von Informationen, wie sie sowohl für einen evolutionären als auch für einen revolutionären Entwicklungsprozess notwendig und hilfreich sind. Insofern gehört dieses Thema mit in das gesamte Portfolio der Entwicklungsmethoden.

Das Grundprinzip des Qualitätszirkels ist ähnlich dem PDCA-Zyklus nach Deming (siehe Kap. 3). Auch gewisse Elemente der FMEA (siehe Kap. 3.1.8) und aus der Thematik „Reliability & Maintainability (siehe Kap. 3.1.12) sind in diesem Prozess wieder zu finden.

Der Grundgedanke eines Qualitätszirkels liegt in der konsequenten Verfolgung von auftretenden Problemen solange, bis das Problem gelöst, die Ursache erkannt und behoben ist. Diese Denk- und Handlungsweise folgt somit dem Deming'schen Ansatz des geschlossenen Regelkreises im Plan-Do-Check-Act-Zyklus.

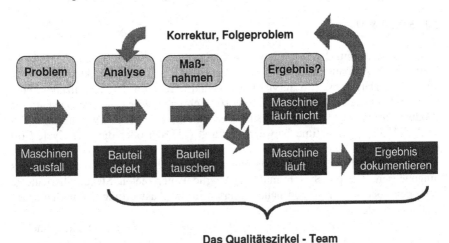

Bild 3.61: Grundansatz des Qualitätszirkel

Aus dem Bild wird deutlich, dass die Methodik sich zunächst einmal mit auftretenden Problemen an bereits entwickelten Lösungen befasst. Insofern bietet die Methode selbst nicht unmittelbare Unterstützung im Entwicklungsprozess. Vielmehr werden Fehler, -ursachen, -häufigkeiten und Randbedingungen für das Auftreten der Fehler und die Maßnahmen zur Fehlerbehebung gesammelt und dokumentiert. Und dies ist der eigentliche Vorteil der Methode für den Entwickler: Wenn die Arbeit im Qualitätszirkel konsequent gemacht wird, erhält er alle Informationen über Probleme der Produkte im Feld und kann dies in seinen künftigen Entwicklungsarbeiten entsprechend berücksichtigen.

Aus Sicht des Unternehmens ist ein gut funktionierender Qualitätszirkel ein ausgezeichnetes Instrumentarium, um Problemfälle vor allem bei Kunden konsequent zu bearbeiten und auch zeitlich zu überwachen. Hier wird deutlich, dass der Qualitätszirkel eine enorm wichtige Schnittstelle zu den Kunden darstellt, da hier einerseits die Fehler und Ausfälle am Produkt als Kundenproblem in das Unternehmen hinein gebracht werden, andererseits die Schnelligkeit, Flexibilität und Cleverness bei der Behebung der Problemursachen ein extremes Potenzial zur Erhöhung der Kundenbindung darstellt.

Die Arbeit im Qualitätszirkel wird durch ein Team geleistet, das die unterschiedlichen Fachgebiete des Unternehmens repräsentiert. In der Regel sind dies Vertreter aus dem Service, Mitarbeiter aus Konstruktion und Entwicklung, Mitarbeiter aus der Produktion und eventuell Vertreter des Vertriebs. Dieses Team nimmt die Probleme auf, entscheidet welche Maßnahmen eingeleitet werden und verfolgt diese Aufgaben. Wichtig ist, dass diese Task-force auch die entsprechenden Kompetenzen hat, um Aufgaben zu delegieren und Lösungen einzufordern.

Die wesentlichen Elemente des Qualitätszirkels sind

- das interdisziplinäre Team mit Kompetenzen,

- die konsequente Arbeit und

- die Kontinuität.

Im folgenden soll an einem praktischen Fall die Arbeit innerhalb eines Qualitätszirkels beschrieben werden.

Stellen wir uns ein mittelständisches Unternehmen aus dem Maschinenbau vor, das mit einer Palette aus modular strukturierten Bausteinen kundenspezifisch aufgebaute Maschinen für die Produktion bei seinen Kunden erstellt. Solche Aufgaben sind geprägt durch eine hohe Komplexität einerseits und in letzter Konsequenz auch durch die Einmaligkeit der jeweiligen Lösung andererseits.

Das Erfahrungswissen der Mitarbeiter ist in solchen Fällen das wichtigste Kapital des Unternehmens. Dabei sind sowohl die Erfahrungen aus den bisher gelieferten Maschinen und Anlagen von Bedeutung als auch das Können bei der Analyse und Erfassung aktueller Probleme durch Analogieschlüsse und Ähnlichkeitsbetrachtungen.

Angesichts der immer weiter steigenden Forderungen an die Produktivität und Qualität in der Produktion müssen auch die hierfür notwendigen Anlagen immer den höchsten Ansprüchen genügen. Das bedeutet, dass auch die Leistungsfähigkeit einer Produktionsanlage die bisherigen Erfahrungen aus gelieferten Systemen enthalten soll und darüber hinaus auch die aktuellen Erkenntnisse aus Wissenschaft und Forschung umgesetzt werden müssen.

Vor diesem Hintergrund entschließt sich das Unternehmen, zur Verbesserung der Produktqualität einen Qualitätszirkel ins Leben zu rufen und zu institutionalisieren.

Mit dieser Entwicklung werden folgende Ziele verfolgt:

- kurzfristige Ziele:
  - konsequente Aufarbeitung der Fehler,
  - Bündelung der Aktivitäten beim Auftreten der Fehler,
  - Transparente Dokumentation über den aktuellen Stand der Arbeiten,
- mittelfristige Ziele:
  - Reduzierung der Ausfälle,
  - Verbesserung der Entwicklungsarbeit,
  - Verbesserung der Analysefähigkeiten bei neuen Servicefällen,
- langfristige Ziele:
  - Steigerung der Kundenbindung,
  - Erhöhung des Know-how.

Die operative Umsetzung erfolgt durch die Installation des Teams „Qualitätszirkel", dem der Serviceleiter, der Leiter der Konstruktion & Entwicklung, der Leiter der Elektrokonstruktion, der Produktionsleiter und der Leiter der Qualitätssicherung zugeordnet werden. Dieses Team nimmt in einer regelmäßigen Besprechung im 14-tägigen Rhythmus alle Problemfälle auf, die an den ausgelieferten Maschinen im Feld auftreten, es diskutiert die Sachlage und entscheidet über Maßnahmen zur Abhilfe. Ein mögliches Protokoll ist im Bild 3.62 beispielhaft dargestellt.

Dieses Protokoll stellt einen Auszug aus einer Datenbank dar, in der die Ergebnisse der regelmäßigen Besprechungen fortlaufend protokolliert werden. Mit der laufenden Nummer werden die einzelnen Ereignisse fortlaufend indiziert. Dabei werden auch das Eingangsdatum und die Maschinennummer erfasst. Der anschließende Fehlercode erlaubt eine spätere gezielte Analyse einzelner Fehler hinsichtlich Häufigkeit, Randbedingungen, Ursachen usw..

So sind z.B. unter der laufenden Nummer 54 Qualitätsprobleme beim Zirkularfräsen aufgetreten. Die Ursache sind Ungenauigkeiten an den Quadratenübergängen, die verursacht werden durch die fehlende Quadrantenfehlerkompensation sowie eine ungenügende Vorspannung in den Lagern der Vorschubspindeln. Durch detaillierte Untersuchungen wurde die konstruktive Lösung verbessert, so dass als Maßnahme eine Unterstützung der Lagerungseinheit entschieden wurde. Da mit dieser Maßnahme eine Lösung für das Problem gefunden wurde, die Maßnahme aber noch nicht umgesetzt wurde, steht der gesamte Vorgang noch im Status gelb.

Die anderen Vorgänge sind ähnlich wie der hier beschriebene, z.B. zeigt der Vorgang 119 den Status rot. Der Grund dafür ist die Tatsache, dass dieser Fehler zum wiederholten Mal aufgetreten ist, wobei jedoch schon mehrere Verbesserungsmaßnahmen eingeleitet wurden, die offensichtlich fehlgeschlagen sind. Der Status „Rot" signalisiert hier einen unmittelbaren Handlungsbedarf, da die Gefahr droht, den Kunden massiv zu verärgern und darüber hinaus auch – trotz mehrerer Versuche – das Problem nicht gelöst wurde.

lfd. Nr.	Datum	Masch. Nr.	Fehler-code	Symptom	Ursache	Maßnahme	Verant-wortl.	zu erl. bis	Status
54	23.4.01	53025	WT__04	Qualitätsproblem beim Zirkularfräsen	- Ungenauigkeiten an den Quadrantenübergängen - keine Quadrantenfehler-kompensation - Spiel in den Lagern der Vorschubspindeln	1. Umrüstung der Lagerung Vor-schubspindel Y-Achse nach Terminplan 2. Kreisformtest-Langzeitverfolgung vgl. Aktionsprogramm 15.05. einschl. Arbeitsplan von M.M.	Herr M.	12.6.02	gelb
55	24.4.01	53026	WZ__100	Späneab-lagerungen WZ-Halter	Späneflug, Kleben der Späne, Lange Späne	Sondermaßnahmen	Herr G.	14.6.02	gelb
119	8.5.02	53030	MV_99	Kollision rechte Wzw-Klappe mit Hauptspindel-kasten	Halterung an Wzw-Klappe für Kolbenstange abgerissen.	Notreparatur der Wzw-Klappe. Klappe + Zubehör neu geliefert Umbau auf Jalousie	Herr T.	12.6.02	rot
121	16.5.02	53034	MV_100	Schaltleiste Kabelbruch.	Falsches Kabel	Beanstandung bei M&V läuft. Siehe ID 111	Herr T.	13.6.02	gelb
126	14.6.02	53030	HY_07	Werkstück-spannung A2-Achse funktioniert zeitweise nicht.	Defektes Hydraulikventil.	Ersatzventil wurde von Herrn B. bestellt. Provisorische Reparatur wurde von Herrn B. durchgeführt. Maschine läuft	Herr B.	14.7.02	gelb

Bild 3.62: Protokoll eines QS-Zirkel

Wie bereits erwähnt ist die Arbeit im Qualitätszirkel ähnlich wie im Demingschen PDCA-Zyklus. Auch hier ist der wesentliche Ansatz die zwingende Konsequenz in der systematischen Handlung, die durch die Anwendung der methodischen Arbeit unterstützt wird.

3.2 Kreativitätstechniken

Basis für Innovationen ist Kreativität. Dies ist eine Eigenschaft, die mehr oder weniger ausgeprägt in allen Menschen vorhanden ist. Durch entsprechende Methoden, Techniken und Hilfestellungen lässt sich die Kreativität der Mitarbeiter fördern, so dass sie für das Unternehmen genutzt werden kann.

Für eine erfolgreiche Anwendung dieser Methoden müssen jedoch entsprechende Randbedingungen und Grundvoraussetzungen erfüllt sein. Dies sind insbesondere entsprechende Freiräume ohne hierarchische Zwänge oder sonstige Konflikte und Spannungen. Darüber hinaus sind natürlich auch einige Verhaltensregeln zu befolgen, die die freie Kommunikation und Diskussion zwischen den Mitarbeitern unterstützen und fördern.

Erfahrungen in der praktischen Anwendung dieser Methoden haben gezeigt, dass es nicht darauf ankommt, die Methode selbst so genau und exakt wie möglich anzuwenden. Viel entscheidender für den Erfolg sind die o.g. Freiräume und auch eine geeignete Atmosphäre. In diesen Fällen werden enorme Kreativitätspotenziale freigesetzt und die Motivation aller Beteiligten kann ungeahnte Größen erreichen. Dazu gehört auch eine gewisse Ruhe oder Abgeschirmtheit, so dass der kreative Prozess nicht durch Störungen unterbrochen und abgewürgt wird. Vor allem ist es notwendig, das sogenannte „Tagesgeschäft" in diesen Phasen völlig auszuschließen. Diese Konsequenz ist sowohl für den Kreativprozess als auch für das angesprochene Tagesgeschäft erheblich effizienter, als eine Vermischung der beiden Prozesse. Bei dem Versuch, diese Prozesse gemeinsam zu bewältigen, wird das Tagesgeschäft sicher normal abgewickelt. Allerdings führen die Störungen zu Unterbrechungen und geistigen Rüstzeiten, die letztlich den gesamten Kreativprozess zerstören.

Mit dieser Orientierung sollen auch die nachfolgend beschriebenen Kreativitätstechniken gesehen werden.

Die Grundgedanken der jeweiligen Technik werden umrissen, um damit den Grundstein für eine eigene, problemorientierte Adaption der jeweiligen Methode zu legen.

Ich möchte nochmals betonen, dass das Wesentliche bei all diesen Techniken der kreative Freiraum und die damit verbundene Unterstützung der Mitarbeiter ist und nicht das sklavische Unterordnen unter ein Methodendiktat.

3.2.1 Theorie zur Lösung inventiver Probleme TRIZ

Immer wieder hat der Mensch die Frage untersucht: „Was ist Kreativität?" Insbesondere die Ingenieurwissenschaftler haben mit vielfältigen Ansätzen versucht, die Kreativität „in den Griff" zu bekommen. Aus all diesen Ansätzen sticht insbesonders die Methode „TRIZ" (gesprochen Tries) von G. Altshuller hervor. Dabei ist auch diese Methode eigentlich nur ein Werkzeug, dass wiederum die Kreativität unterstützt. TRIZ ist die Abkürzung der Methodenbezeichnung aus der russischen Sprache und inzwischen ein fester Begriff. Im englischen heißt die Methode „Theory of resolving inventive problems". Frei übersetzt bedeutet dies etwa: „Systematisches Erfinden". Dieser Name deutet bereits auf das wesentliche Element dieser Methode hin, nämlich der strengen Systematik, der man sich hier zu unterwerfen hat.

TRIZ ist also eine Methode zur Lösung von typischen Entwicklungsproblemen. Der Ursprung dieser Methode ist in Russland und basiert auf den Arbeiten von G. Altshuller. Er untersuchte eine große Anzahl von Patenten unter dem Gesichtspunkt ihres Innovationsgrades und klassifizierte die Patente danach in 5 Kategorien (siehe Bild 3.63).

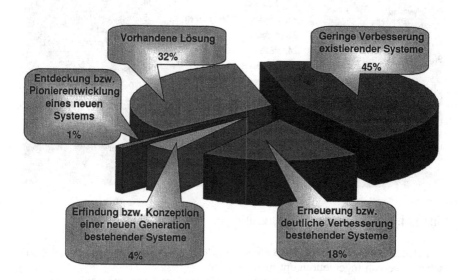

Bild 3.63: Klassifizierung und Verteilung von Patenten nach Altshuller

Die meisten Patente sortierte er in die Klassen 1 und 2, die eigentlich keine Erfindungen (32%) oder Lösungen für existierende Systeme mit nur geringen Verbesserungen (45%) waren. 18% der Patente waren Erfindungen oder deutliche Verbesserungen bereits existierender Lösungen. Nur 4% waren Erfindungen oder neue Konzepte als Ersatz bereits vorhandener Systeme. Lediglich 1% der von Altshuller untersuchten ca. 200.000 Patente waren echte Erfindungen im Sinne der Entdeckung eines neuen physikalischen Prinzips.

Diese Patente untersuchte er weiter im Hinblick auf die beschriebenen Lösungsmechanismen und identifizierte 40 Lösungsprinzipien (Bild 3.64), die letztlich alle die Auflösung eines technischen Widerspruchs beschreiben.

Dieser technische Widerspruch ist der Kernpunkt in dem Prozess des systematischen Erfinden (TRIZ). Der wichtige erste Schritt der Methodik von Altshuller ist die richtige und konsequente Definition des Problems. Schon in dieser Prozessstufe ist eine Menge Erfahrung im Umgang mit der Methode notwendig, da man sonst in den nachfolgenden Schritten Gefahr läuft, das Kernproblem zu verlieren. Im zweiten Schritt erfolgt die Abstraktion des Problems auf eine prinzipielle, physikalische Ebene, wo dann die Lösungsprinzipien nach Bild 3.64 zugeordnet werden.

1. Segmentierung	17. Bewegung in eine neue Dimension	30. Flexible Folien oder Membranen verwenden
2. Extraktion	18. Mechanische Schwingungen	31. Poröses Material einsetzen
3. Lokale Qualität	19. Periodische Aktionen	32. Farbwechsel
4. Asymmetrie	20. Kontinuität nützlicher Aktionen	33. Homogenität
5. Kombination	21. Durcheilen	34. Teile abweisen und erneuern
6. Universalität	22. Schaden zu Nutzen machen	35. Transformation des physikalischen und chemischen Zustands eines Objektes
7. Verschachteln	23. Rückkopplung	
8. Gegengewicht	24. Mediator	
9. Frühere Gegenaktion	25. Self-Serivce	
10. Frühere Aktion	26. Kopieren	36. Phasenübergang
11. Vorzeitiges Abfangen	27. Teure beständige Teile durch billige, nicht beständige ersetzen	37. Thermische Ausdehnung
12. Gleichgewichtigkeit		38. Starke Oxidationsmittel verwenden
13. Umkehrung		39. Schutzumgebung
14. Kugeligkeit	28. Mechanische Systeme ersetzen	40. Verbundwerkstoffe
15. Dynamik	29. Pneumatik- oder Hydraulikkonstruktionen einsetzen	
16. Teil- oder übertriebene Lösung		

Bild 3.64: Lösungsprinzipien von Altshuller

Altshuller hat in seiner Untersuchung 39 Parameter erfasst (Bild 3.65), die typischerweise von Ingenieuren optimiert werden.

Die Anwendung dieser Erkenntnisse in Form eines Lösungskataloges ist heute Bestandteil von Softwaretools, die dem Entwicklungsingenieur helfen, technische Problemstellungen zu lösen.

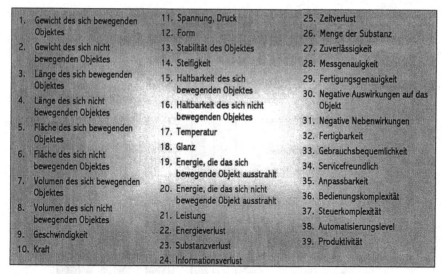

1. Gewicht des sich bewegenden Objektes	11. Spannung, Druck	25. Zeitverlust
2. Gewicht des sich nicht bewegenden Objektes	12. Form	26. Menge der Substanz
	13. Stabilität des Objektes	27. Zuverlässigkeit
3. Länge des sich bewegenden Objektes	14. Steifigkeit	28. Messgenauigkeit
4. Länge des sich nicht bewegenden Objektes	15. Haltbarkeit des sich bewegenden Objektes	29. Fertigungsgenauigkeit
5. Fläche des sich bewegenden Objektes	16. Haltbarkeit des sich nicht bewegenden Objektes	30. Negative Auswirkungen auf das Objekt
6. Fläche des sich nicht bewegenden Objektes	17. Temperatur	31. Negative Nebenwirkungen
	18. Glanz	32. Fertigbarkeit
7. Volumen des sich bewegenden Objektes	19. Energie, die das sich bewegende Objekt ausstrahlt	33. Gebrauchsbequemlichkeit
		34. Servicefreundlich
8. Volumen des sich nicht bewegenden Objektes	20. Energie, die das sich nicht bewegende Objekt ausstrahlt	35. Anpassbarkeit
	21. Leistung	36. Bedienungskomplexität
9. Geschwindigkeit	22. Energieverlust	37. Steuerkomplexität
	23. Substanzverlust	38. Automatisierungslevel
10. Kraft	24. Informationsverlust	39. Produktivität

Bild 3.65: Optimierungsparameter nach Altshuller

Das Prinzip beruht auf der sogenannten Widerspruchsmatrix, bei der in der Vertikalen die zu verbessernden Eigenschaften und in der Horizontalen die reduzierbaren Eigenschaften der Problemstellung aufgetragen sind (Bild 3.66). Dies sind die in Bild 3.65 gelisteten Optimierungsparameter. Im Schnittpunkt der Parameter sind die möglichen Lösungsprinzipien genannt, die den im Problem formulierten Widerspruch lösen helfen.

Im vorliegenden Beispiel ist eine typische Aufgabenstellung benannt, wie sie im Ingenieurbereich immer wieder zu lösen ist: „Reduzieren des Gewichtes bei Erhöhung der Steifigkeit". Die möglichen Lösungen dieses Problems sind im Knotenpunkt dieser beiden sich wiedersprechenden Eigenschaften zu finden. Damit ist der 3. Schritt erfolgreich vollzogen und nun kommt als letzter Abschnitt das Umsetzen in eine konkrete Lösung. Es wird an dieser Stelle mehr als deutlich, dass zur Realisierung eine Menge Kreativität nötig ist. Allerdings - und das ist die eigentliche Stärke dieser Methode - wird die Kreativität in bestimmte, systematisch erarbeitete Lösungsräume gedrängt ohne sie einzuschränken.

Fassen wir die Vorgehensweise bei der Anwendung dieser Methode noch einmal zusammen:

- Schritt 1 - Definition des aktuellen technischen Problems

- Schritt 2 - Formulierung des physikalischen Problems

- Schritt 3 - Auflösen des Widerspruchs mit Hilfe der Widerspruchsmatrix

- Schritt 4 - Umsetzung der physikalischen Lösung in eine technische

Neben dieser Grundsatzanwendung lassen sich mit Hilfe geeigneter Softwaretools dann auch Folgeprobleme bei der Entwicklungsarbeit lösen. So besteht die Möglichkeit,

- Patentstrategien aufzubauen,

- Fehlerentstehungs- und -vorhersageanalysen durchzuführen,

- Patentrecherchen durchzuführen und

- Basisdaten für die WA, FMEA, QFD und Sicherheitsanalysen zu ermitteln.

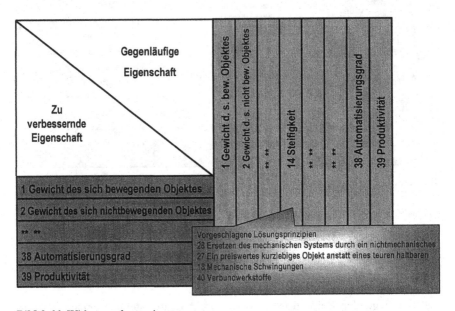

Bild 3.66: Widerspruchsmatrix

Die Nutzungsbandbreite hängt von den verwendeten Softwaretools ab, die je nach Hersteller verschiedene Schwerpunkte setzen.

Entscheidend für den Erfolg in der Anwendung von TRIZ ist jedoch nicht primär die Qualität der Software, sondern die qualifizierte, systematische und konsequente Analyse und Aufbereitung des eigentlichen Problems. In der Konzeptphase eines Entwicklungsprojektes kann hier durchaus bereits 30-40% des Projektaufwandes notwendig sein, denn die Qualität, mit der die Problemdefinition durchgeführt wird, bestimmt im Nachhinein die Güte der Lösungen. Für diese erste Phase eines Projektes stehen dann wieder andere Methoden wie z.B. der morphologische Kasten oder die Funktionsanalyse zur Verfügung.

Wenn dann die Aufgabenstellung für das Entwicklungsprojekt klar formuliert ist, kann z.B. mit den Lösungsprinzipien von Altshuller (Bild 3.64) eine oder mehrere Lösungen konzipiert und untersucht werden. Dabei können durchaus auch andere Methoden wie z.B. Brainstorming mit verwendet werden. Es ist absolut nicht notwendig, während eines solchen Prozesses die Widerspruchsmatrix zu vervollständigen, vielmehr lässt die Verwendung aller Lösungsprinzipien aus Bild 3.64 hier einen größeren Freiraum zu und liefert demzufolge auch ein größeres Potenzial an Lösungsansätzen. Der wichtige nächste Schritt, nämlich die Umsetzung des abstrakten Lösungsvorschlags in eine physikalische Lösung fordert wiederum eine Menge Kreativität einerseits, aber auch eine systematische und konsequente Arbeitsweise andererseits. Auch hier können also wieder die unterschiedlichsten Methoden wie Brainstorming, Mindmapping oder ähnliche zum Einsatz kommen.

3.2.2 Imagineprinzip

„Stell Dir vor es gäbe keine Restriktionen und Du könntest ...". Dies ist für einen Entwickler eine Aufforderung, der er eigentlich überhaupt nicht widerstehen kann. Kreativität und Fantasie sollen und werden damit angeregt. Diese Grundüberlegung steckt hinter dem Prinzip „Imagine". Damit kommt dieser Ansatz zur Kreativität dem Brainstorming in der Gruppe sehr nahe. Im Unterschied dazu sind hier allerdings keine Randbedingungen oder Voraussetzungen vorgegeben. Es soll eine völlig freie Entfaltung der Fantasie ermöglicht werden, die nicht schon während der Kreativphase durch praktische Randbedingungen eingeschränkt und abgewürgt wird.

Insofern gibt es für dieses Prinzip auch keine Formalien oder Regeln wie bei den anderen Methoden oder Kreativitätstechniken. Die einzige Randbedingung, die für dieses Prinzip erfüllt werden muss, ist die, dass es keine vordefinierte Parameter oder Einschränkungen geben darf.

Jeder kann sich die Situation vorstellen, wenn die Entwickler aufgefordert werden, eine Produktinnovation auf der Basis eines bereits bestehenden Produktes durchzuführen. Die wesentlichen Prinzipien liegen meist fest, der Innovationsgrad ist zwangsläufig beschränkt und in aller Regel werden die eigentlichen Ziele nicht vollständig erreicht.

Wenn sich in dieser Situation der Entwickler von allen Einschränkungen erst einmal befreien darf, dann kann er völlig unbeschwert neue Lösungen generieren.

Es entstehen Konzepte, die vorher nicht denkbar waren, allerdings muss jetzt im Nachhinein abgewogen und geprüft werden, ob diese neuen Lösungsansätze auch mit geringfügigen Adaptionen die bisher bestehenden Produkte und deren Eigenschaften ersetzen können.

Weitaus wichtiger noch ist das Imagineprinzip bei der Entwicklung völlig neuer Produkte, die keinen Vorgänger haben und die tatsächlich neu und revolutionär sind. Man denke hier nur an die jüngsten Entwicklungen im Bereich des Internet, die Handytechnologie und verwandte Techniken.

Das Imagineprinzip weist, wie bereits erwähnt, eine hohe Verwandtschaft zu dem Brainstorming auf. Das wesentliche des Prinzips ist die transparente, freie, kreative, offene und sich selbst befruchtende Diskussion zwischen den Entwicklern. Insofern gelten auch hier ähnliche Spielregeln:

1. Es gibt keine Einschränkungen

   Weder finanzielle noch technische, geographische oder sonstige Einschränkungen sind hier zulässig. Durch diese völlige Befreiung von Grenzen soll die Kreativität freigesetzt und in größtmöglichem Umfang entfaltet werden.

2. Es gibt keine Kritik

   Kritik – auch konstruktive oder wohlmeinende – ist in solchen Situationen völlig verfehlt. Im Gegenteil, Unterstützung, Ideen und Bestätigung sind nötig und hilfreich, um die Kreativität zu befreien.

3. Killerphrasen sind verboten

Killerphrasen sind um ein Vielfaches schlimmer als ehrliche Kritik. Sie töten die Kreativität und wirken in der Regel beleidigend und damit in höchstem Maße demotivierend.

4. Es gibt keine Hierarchie

Mit dieser Regel haben autoritär geführte und führende Mitarbeiter die größten Schwierigkeiten. Nur bei sehr gut harmonierenden Teams und entsprechend selbstbewussten Mitarbeitern lässt sich diese Form der Kreativitätsunterstützung hierarchieübergreifend umsetzen.

Entscheidend für den Erfolg dieses Ansatzes ist also die freie und offene Kommunikation als Unterstützung des Gedanken- und Ideenflusses. Der Moderator muss darauf achten, dass dieser freie Ideenfluss so gut wie möglich gefördert wird und dass sich die Beteiligten regelrecht anfeuern, um neue Ideen zu generieren. Nur so kann diese Methode zum Erfolg führen.

Auch hier wird wieder deutlich, dass neben der fachlichen Kompetenz und der methodischen Unterstützung auch die entsprechenden Freiräume und das fördernde Miteinander, die Kommunikation und der Respekt vor dem Kollegen wichtige Bestandteile einer kreativen und ideenstarken Teamarbeit sind.

3.2.3 Brainstorming

Brainstorming ist nach wie vor die wichtigste Methode zur Unterstützung der kreativen Arbeit. Wesentliche Voraussetzung dafür, dass diese Methode auch funktioniert und gute Ergebnisse hervorbringt sind:

- ein kompetentes Team

- eine offene, spannungsfreie Atmosphäre

- und vor allem Zeit.

Das Team und seine Kompetenz sind die Basis für ein gutes Brainstorming. Zum einen gilt es auch hier wieder, frühestmöglich alle eventuell notwendigen und für die Problemlösung wichtigen Qualifikationen zu versammeln. So wird auch das größtmögliche kreative Potential für die Lösungsfindung zusammengestellt.

Der formale Ablauf beim Brainstorming folgt folgenden Schritten:

1) Definition des/der Themen

2) Ideenfindung und –sammlung

3) Diskussion der Ideen im Plenum

4) Eventuelle 2. Runde zur Ideenfindung und – sammlung

5) Erneute Diskussion und Bewertung

6) Entscheidung für die Lösung/en.

Zunächst wird die Aufgabenstellung für das Brainstorming formuliert. Je nach Problemstellung und Teamgröße kann der wichtige nächste Schritt in folgenden Varianten durchgeführt werden:

a)   freies Brainstorming im Team mit Moderator (max. 10 Personen)

Die einfachste Prozedur ist das Brainstorming im Team, wobei hier jeder Ideen entwickelt und einbringen kann, die dann auf einem Flip-Chart oder an der Tafel notiert werden. Wenn diese Runde gut moderiert wird, so werden auch hier schon durch die gegenseitige Unterstützung enorme Potentiale gehoben.

b)   stilles Brainstorming im Team mit Moderator (max. 15 Personen)

Für dieses Brainstorming werden alle Teammitglieder mit Karten ausge rüstet und aufgefordert, ihre Ideen auf diesen zu notieren. Nach einem vorgegebenen Zeitintervall werden diese eingesammelt, an die Pinwand geheftet und kurz erläutert. Eventuell kann dabei schon eine Clusterung in Oberbegriffe stattfinden.

c)   Brainstorming in Teams (ca. 5-8 Personen je Einzelteam)

Bei größeren Gruppen empfiehlt es sich, das Brainstorming in kleineren Teams durchzuführen. Die große Gruppe wird so geteilt, dass Teams von ca. 5-8 Personen entstehen. Diese können dann entsprechend der Vorgehensweise a oder b ihr jeweiliges Brainstorming durchführen. Darüber hinaus können hier natürlich noch Varianten eingebaut werden, in dem die Einzelteams entweder alle die gleiche Aufgabenstellung erhalten oder jedes Team eine andere.

Letztlich wird die richtige oder beste Vorgehensweise für das Brainstorming durch die aktuelle Situation, die Problemstellung und die Gruppengröße bestimmt. Unabhängig davon gilt jedoch für alle Varianten, dass während dieser kreativen Phase sog. Killerphrasen absolut nicht erlaubt sind. Argumente wie „Das hat noch nie funktioniert!" oder „Wir machen das anders!" und ähnliche würgen die Kreativität des Einzelnen sehr schnell ab und das Ergebnis einer solchen Sitzung ist entsprechend bescheiden. Es müssen hier neue, unkonventionelle Ideen erlaubt und unterstützt werden, so dass sich das Team nach Möglichkeit in einen Ideenrausch steigert.

Die Bewertung der Machbarkeit der einzelnen Ideen erfolgt dann zu einem späteren Zeitpunkt. Die weitere Vorgehensweise – ob z.B. nach der Diskussion nochmals eine kreative Phase zwischengeschaltet wird – hängt ebenfalls von der jeweiligen Problemstellung und der aktuellen Lösungsqualität ab.

3.2.4 Analogien

Analogien finden oder „der Blick über den Zaun" sind mitunter sehr hilfreich, um nicht nur technische Problemstellungen zulösen. Dabei spielt es zunächst keine Rolle, ob die gedankliche Anleihe in der Natur oder in einem fachlich ähnlichen oder völlig anderen Bereich gemacht wird. Entscheidend hierbei ist letztlich die Fähigkeit, die Lösung des eigenen Problems in einer „verfremdeten Umgebung" zu entdecken.

Dabei lassen sich durch das Übertragen von bestimmten Mustern, Prozessen, Verhaltensweisen von einem Fachgebiet in das andere verblüffende und nicht erwartete Ergebnisse erzielen. Diese Form der Lösungsfindung wird auch bei der Entwicklung von Arbeitsmethoden, Produktionsprozessen oder –verfahren verwendet.

Ein sehr großes Feld für Analogiebetrachtungen bietet die Natur. So hat z.B. die Architektur immer wieder gedankliche Anleihen in der Natur gemacht, die z.T. hervorragende Ergebnisse in Form von prachtvollen Bauten hat.

Für Probleme des Leichtbaus, der Aerodynamik oder der Sandwichbauweise gibt die Natur vielfache Anregungen. In gleicher Weise gilt dies auch für maschinenbauliche Problemstellungen. Auch hier sind in vielen Bereichen immer wieder ähnliche Anwendungen in der Natur zu finden. Dies gilt besonders bei strukturmechanischen Fragestellungen, die sowohl statische und als auch dynamische Lösungen benötigen.

Gerade in den neu wachsenden Disziplinen der Mikro- und Nanotechnologie bietet die Natur eine Fülle von Beispielen und Vorlagen, die helfen, technische Problemstellungen zu lösen.

Ein sehr weites Feld der Analogie sind die Produktions- und Geschäftsprozesse. Häufig werden hier durch ein Benchmark Defizite festgestellt, indem Prozesse in anderen Unternehmen oder Unternehmenseinheiten mit ähnlichen oder sogar gleichen Ergebnissen (Produkten) bei einigen Bewertungskriterien erheblich leistungsfähiger sind. Die Prozesse sind produktiver, haben kürzere Durchlaufzeiten, weniger Ausschuss oder sind erheblich flexibler.

Die Konsequenz ist, dass die Gründe hierfür gesucht und eliminiert werden, wobei in der Regel das, was bei den anderen funktioniert, kopiert wird. Dabei kann eine saubere Analyse im Sinne des Analogiedenkens auch zu erheblichen Verbesserungen führen.

Diese Arbeits- und Denkweise stellt jedoch auch bestimmte Minimalforderungen an den Mitarbeiter und das Management. Für diesen „Blick über den Zaun" ist es notwendig, dass der Mitarbeiter einerseits die Bereitschaft, Fähigkeit und Offenheit dafür besitzt. Andererseits muss der Vorgesetzte sowohl die Weitsicht haben, die notwendigen Voraussetzungen dafür zu schaffen, als auch die Toleranz die daraus entwickelten Erkenntnisse des Mitarbeiters zu akzeptieren.

3.2.5 Orientierung an Grenzwerten

Eigentlich sollte die Orientierung an Grenzen die Grundlage guter Ingenieurarbeit sein. Trotzdem wird das Prinzip zur Methode erhoben und als jüngste Erkenntnis in Workshops und Seminaren verbreitet. Dass in der Vergangenheit dieses Gedankengut bereits vorhanden war, lässt sich in den verschiedensten Methoden belegen. Zum Beispiel verfolgt die Wertanalyse ganz gezielt den Gedanken nach den notwendigen Funktionen und deren wertmäßig günstigster Realisierung.

Dies ist auch eine Art der Grenzwertbetrachtung. Oder die drei Mu, die die Grundlage der Verlustphilosophie des Toyota Production Systems (TPS) sind [15]. Verschwendung, egal welcher Art, führt zu finanziellen Verlusten und muss daher eliminiert werden. Wir nähern uns dem Grenzwert dessen, was zur Produktion notwendig ist. Alles Überflüssige wird entfernt.

Obwohl die Methode selbst nicht neu ist, erscheint es angesichts der bereits mehrfach beschriebenen Komplexität in Entwicklung und Produktion notwendig, diese Philosophie noch einmal besonders zu betonen. Das Bewusstsein für die Orientierung an Grenzwerten muss angesichts der wachsenden Herausforderungen im internationalen Wettbewerb erheblich schärfer werden, da durchschnittliche Ergebnisse absolut nicht ausreichend sind.

Bei der Orientierung an Grenzwerten wird das Grundprinzip verfolgt, sich von bestehenden Restriktionen zu lösen und das theoretisch Machbare konsequent als Maßstab heranzuziehen. Wo liegt die tatsächliche Grenze bei der Lösung eines Problems? Diese Kernfrage steht im Mittelpunkt aller Lösungsansätze.

- Wo liegen z.B. die physikalischen Grenzen bei der Steigerung der Schnittgeschwindigkeit im Zerspanprozess?

- Wie viele Bauteile benötigt man mindestens bzw. höchstens, um die Funktionalität einer Baugruppe oder Maschine darzustellen?

- Wie viele Funktionen benötigt man höchstens, um das Werkstück von A nach B zu bringen?

Diese Fragestellungen zeigen beispielhaft das Prinzip, das dem Lösungsansatz zugrunde liegt.

Ausgangspunkt dieser Überlegungen ist die Ermittlung der physikalischen Grenzen des Problems. In folgenden Schritt werden dann die wirtschaftlichen und technischen Randbedingungen ermittelt, die diese physikalischen Grenzen beeinflussen.

Am Beispiel der nachfolgend dargestellten Prozessanalyse soll die „Orientierung an Grenzwerten" verdeutlicht werden. Dabei wird auch die Verwandtschaft zu anderen Methoden wie der „Wertanalyse" oder „Muda" deutlich.

Im Bild ist der aktuelle zeitliche Ablauf eines beliebigen Produktionsprozesses dargestellt.

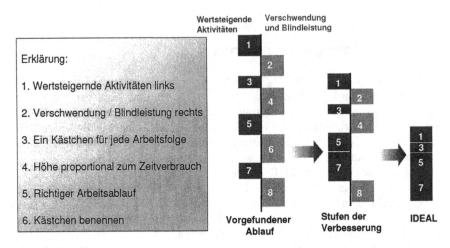

Bild 3.67: Analyse eines Prozesses

Der Prozess besteht aus einer bestimmten Folge von wertschöpfenden und nicht wertschöpfenden Schritten, die zunächst hintereinander auf der Zeitachse aufgetragen werden.

In einem ersten „Orientierungsschritt" kann nun der ideale Ablauf als Folge der rein wertschöpfenden Tätigkeit ermittelt werden. Diese Betrachtungsweise führt zu dem kürzerstmöglichen Durchlauf überhaupt, einer natürlichen Grenze dieses Prozesses. Dabei wird unterstellt, dass der Produktionsprozess selbst, d.h. die Inhalte der einzelnen Produktionsschritte und deren Abfolge richtig sind.

Diese Vorgehensweise entspricht ebenfalls der Vorgehensweise im Rahmen einer Wertanalyse oder der Ermittlung von Muda. Zwangsläufig werden nun die wirtschaftlichen Grenzen bestimmt, wie dicht die wertschöpfenden Schritte aufeinander folgen können. So kann z.B. eine Wärmebehandlung, die nicht im Hause durchgeführt werden kann, einen Transport – und damit nicht wertschöpfende Schritte – zwingend erforderlich machen. Es sei denn, man verlagert den Gesamtprozess so, dass alle Schritte hintereinander folgen können.

Das Analyseergebnis im Bild 3.68 für die Produktion bestehend aus einem Fertigungs- und einem anschließenden Montageprozess zeigt, welche z.T. enormen Einsparpotenziale im Hinblick auf die Durchlaufzeit in diesen Vorgängen stecken.

84% der Zeiten in der Vorfertigung und sogar 99% in der Montage sind nicht wertschöpfend. Das bedeutet, dass das Teil während der gesamten Verweilzeit in der Produktion überwiegend herumliegt, Platz benötigt und nicht bearbeitet wird – betriebswirtschaftlich gesehen ein katastrophaler Zustand.

Eine weitere Grenzwertbetrachtung führt jedoch zu einer völlig anderen Fragestellung: „Welche Produktionsschritte brauche ich eigentlich unbedingt, um das Produkt herzustellen?" So könnte eine Antwort auf diese Frage z.B. zu einem völlig anderen Produktionsverfahren führen, das dann die Möglichkeit gibt, den Prozess z.B. in zwei automatisierten Einzelschritten direkt hintereinander abzuwickeln.

Diese Lösung bedeutet sicherlich eine gewisse Investition, schafft aber auch wieder eine völlig neue Basis für die weiteren Aktivitäten am Markt.

Zwangsläufig ergibt sich aus diesem Ansatz natürlich, dass Randbedingungen, Vorgaben und Lösungsansätze aus bereits bestehenden Lösungen nicht mehr gültig sind. Diese Methode verbietet eine evolutionäre Entwicklung von Produkten und führt konsequent zu einem revolutionären Innovationsprozess.

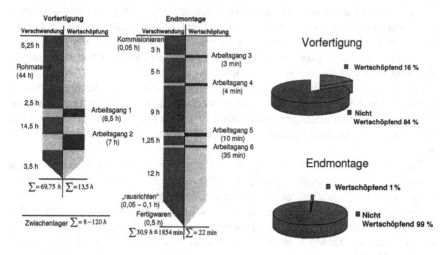

Bild 3.68: Analyse eines Produktionsprozesses

3.2.6 Morphologie

Die Morphologie oder Kombinatorik ist zunächst auch eine strenge Systematik, die vor allem bei komplexen Zusammenhängen hilft, den Überblick zu behalten.

Das Prinzip basiert auf der möglichst vollständigen Auflistung aller denkbaren Varianten von Beziehungen zwischen Variablen. Durch diesen Zwang zur möglichst vollständigen Betrachtung wird vermieden, dass kreativ schöpferische Begabungen vorschnell Lösungen favorisieren und selektieren, ohne dass andere Möglichkeiten und Varianten mit betrachtet worden sind.

Dabei unterstützt die konsequente Anwendung des sog. „Morphologischen Kasten" auch die schöpferische Arbeit in der Entwicklung. So können z.B. ausgehend von bekannten Lösungen neue Lösungen entwickelt werden, indem die Liste der bereits vorhandenen Variablen um neue Elemente ergänzt und erweitert werden.

Die Vorgehensweise bei der Arbeit mit dem morphologischen Kasten wurde bereits bei der Variantenbewertung im Abschnitt 3.1.10 „Bewertungsverfahren" am Beispiel der Entwicklungsaufgabe für ein Ventil genutzt.

Zwar lag der Schwerpunkt in diesem Abschnitt mehr auf der eigentlichen Bewertung und der Darstellung der Probleme, die im Laufe eines solchen Bewertungsprozesses auftreten können. Trotzdem sei an dieser Stelle nochmals auf die Bilder 3.54 – 3.58 zurück gegriffen, die letztlich den vollständigen Prozess der Morphologie sogar in mehreren hierarchischen Stufen darstellen. Im Bild 3.46 waren die unterschiedlichen geforderten Funktionen zusammengestellt, die von dem neuen Produkt erwartet werden. Diese können nun durch verschiedene Lösungen realisiert werden (rechter Bildteil).

Nach der Bewertung der technischen Prinzipien im Hinblick auf ihre Eignung zur Funktionserfüllung sind dann im Bild 3.57 mögliche sinnvolle Kombinationen zusammengestellt.

Greifen wir die Aufgabenstellung aus Bild 3.54 nochmals auf, so könnte eine Erweiterung der funktionalen Beschreibung sofort zu einer Ergänzung und völlig neuen Kombination der Elemente „Lösungen" führen.

Wird z.B. die Funktionalität Mindestdruckregelung oder Temperaturüberwachung oder Filtern eingeführt, müssen die Lösungselemente geprüft und im Hinblick auf ihre Realisierbarkeit neu bewertet werden. Somit ist das bestehende Produkt durch Erweiterung der Funktionalität weiter entwickelt worden und ein neues, zusätzliches Produkt entstanden.

4 Innovation und Betriebswirtschaft

„Innovationen sind die Basis für den Unternehmenserfolg." Dieser These waren die bisherigen Abschnitte des Buches gewidmet, indem Werkzeuge und Methoden beschrieben wurden, mit denen Kreativität und systematisches Arbeiten im Entwicklungsprozess unterstützt und gefördert werden sollen.

Genauso wie diese Ergänzungen der technischen Kompetenz durch die methodische Arbeitsunterstützung ist aber auch ein betriebswirtschaftlich orientierter Sachverstand notwendig, der als kritischer Partner die Innovationen im Hinblick auf ihre Ertragspotenziale für das Unternehmen prüft und den Stand der Projekte messbar macht. Dabei ist aber nicht nur die Betriebswirtschaft oder das Controlling im engeren, klassischen Sinne gemeint, sondern Kontrollen und Prüfungen, die den heutigen Ansprüchen gerecht werden. Damit diese Kontrollen oder Prüfungen im richtigen Kontext stehen, soll nachfolgend ein kurzer Überblick über die Entwicklung von Kennzahlen gegeben werden. Aus diesem Überblick leitet sich dann ein betriebsorientiertes Verständnis für moderne Kennzahl-Systeme ab. Dieser Überblick soll nicht die klassische Lehrmeinung der Betriebswirtschaft ändern. Vielmehr ist hier eine Annäherung zwischen Technik und Betriebswirtschaft beschrieben, die beiden Seiten helfen soll, zum Wohle des Unternehmens zu handeln. Insofern liegt auch der Schwerpunkt in den nachfolgenden Abschnitt primär auf der praktischen Anwendung aus Sicht der Technik und weniger auf der fachspezifischen Tiefe aus der Perspektive der Betriebswirtschaft.

Für das Management eines Unternehmens ist mit diesen beiden Sichtweisen eine erfolgreiche Führung noch nicht vollständig diskutiert. Vielmehr müssen auch Themen wie Qualitätsmanagement oder Basel II in diesem Zusammenhang erörtert und umgesetzt werden. Letztlich führt diese Betrachtung zwangsläufig zu einem sehr komplexen Gebilde, das heute unter der Überschrift „Balanced Score Card" in den Unternehmen realisiert wird.

4.1 Kennzahlen

Die Hauptaufgabe des Controlling besteht darin, Unternehmensprozesse in Kennzahlen abzubilden und so eine Aussage über den Erfolg oder Misserfolg von unternehmerischen Aktivitäten zu erhalten.

In der Vergangenheit gab es eine Vielzahl von derartigen Kenngrößen mit unterschiedlichen Aussagen. Der wesentliche Nachteil dieser mehr oder weniger zusammenhängenden Kennzahlen war die Tatsache, dass sie eigentlich nur pathologischen Charakter hatten. Mit diesen Werten wurde die Vergangenheit sehr genau beurteilt. Die Ergebnisse des abgelaufenen Geschäftsjahres, das Resultat eines abgeschlossenen Projektes oder ähnliche Situationen konnten sehr genau analysiert und bewertet werden. Allerdings waren die Möglichkeiten, aus diesen Ergebnissen Ziele, Vorgaben und Steuergrößen für zukünftige Aktivitäten abzuleiten, äußerst gering. Bild 4.1 zeigt eine nicht vollständige Sammlung der sog. klassischen betriebswirtschaftlichen Kennzahlen.

Auswahl aus den „klassischen Betriebswirtschaftlichen Kennzahlen"

- Anlagendeckung
- Anlagenintensität
- Auftragslage je Kunde
- Eigenkapitalquote
- Eigenkapitalrentabilität
- erweiterter Liquiditätsgrad
- Forderungsbestand pro Kunde
- Investitionsquote
- Kapitaleinsatz pro Beschäftigten
- Kreditnutzungsdauer
- Liquidität 1. Grades

- Liquidität 2. Grades
- Materialaufwandsquote
- Personalaufwandsquote
- Return on Invest (ROI)
- Umsatz je Beschäftigten
- Umsatzrentabilität
- Wertschöpfung je Beschäftigten
- Working Capital
- Zinsdeckung
- •
- •

Bild 4.1: Betriebswirtschaftliche Kennzahlen

Diese Kennzahlen erlauben die präzise Darstellung bestimmter betriebswirtschaftlicher Eigenschaften oder Ergebnisse eines Betriebes, aber es fehlt zum einen die Orientierung in die Zukunft und zum anderen ein Zusammenhang zwischen Ursache und Wirkung.

Eine erste Verbesserung wird mit zusätzlichen Kennzahlen erreicht, die nicht nur rein finanzieller Natur sind, sondern die bereits bestimmte betriebsspezifische Eigenschaften erfassen und abbilden. Einige Beispiele hierzu sind im Bild 4.2 genannt. Beispielsweise gibt der Kapazitätsauslastungsgrad direkt an, wie die Kapazitäten des Betriebes wöchentlich, monatlich oder jährlich ausgelastet waren oder in Zukunft ausgelastet sein werden aufgrund der aktuellen Auftragsbestände.

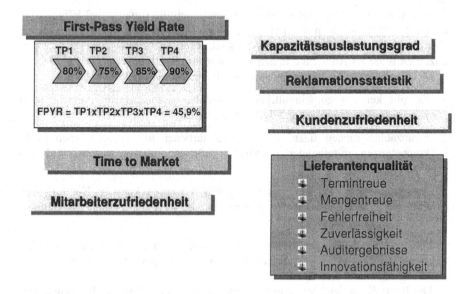

Bild 4.2: Ergänzende Kennzahlen zu den klassischen betriebswirtschaftlichen Kennzahlen

Ein solcher Kennwert kann bereits dem Meister in der Fertigung für die Steuerung seines Verantwortungsbereichs eine sehr große Hilfe sein, wobei auch diese Kennzahl allein nicht ausreichend aussagefähig ist.

Stellen wir uns eine Fertigungseinheit vor, die einige Maschinen umfasst. Was interessiert den verantwortlichen Meister in erster Linie? Natürlich die Antwort auf die Frage, wie gut sind meine Plankapazitäten ausgelastet. Insofern ist der Kapazitätsauslastungsgrad eine sehr wichtige Kenngröße. An zweiter Stelle rangieren dann sofort die Fragen nach der Wettbewerbsfähigkeit, der Produktivität und der Effektivität oder Qualität. Die Wettbewerbsfähigkeit wird bestimmt über die Fertigungszeiten und die Stundensätze. Wenn also die Kosten nicht mehr wettbewerbsfähig sind, dann sind entweder die Fertigungszeiten – und damit die Fertigungsmethode – nicht mehr in Ordnung oder die Stundensätze sind zu hoch, weil die geplante Nutzung der Maschine zu niedrig ist oder ein zu teures Fertigungsmittel eingesetzt wird.

Die Produktivität zeigt an, wie gut die vorhandenen Fertigungsmittel genutzt wurden. Sind die Kosten nämlich wettbewerbsfähig, d.h. die Fertigungszeiten sind konkurrenzfähig, dann ergibt sich aus dem Vergleich der Plan- mit den Istzeiten sofort eine Aussage über die Produktivität.

Sind diese Istzeiten kürzer als die (wettbewerbsfähigen) Planzeiten, so sind dies langfristige Vorteile für das Unternehmen, die entweder als Kundennutzen und zusätzlicher Wettbewerbsvorteil an den Kunden weiter gegeben werden können oder die zunächst als Reserve einbehalten werden und eine Gewinnoptimierung darstellen.

Eine weitere wichtige Information ist dann noch die (qualitative) Effektivität. Es nutzt nichts, wenn in der Fertigung zwar die Planzeiten unterboten und die Fertigungsmittel 3-schichtig ausgelastet sind, wenn am Schluss ein Teil der produzierten Ware als Ausschuss in den Müll wandert.

An diesem recht einfachen Beispiel wurden mehrere Aspekte deutlich:

1. Es gibt keine allgemeingültigen Kennzahlen – sie müssen immer wieder neu erarbeitet, angepasst und definiert werden.

2. Kennzahlen dienen dazu, dass sich Mitarbeiter mit verschiedenen Fachkompetenzen miteinander unterhalten können; deswegen müssen Kennzahlen einfach sein.

3. Prozesse müssen in Kennzahlen abgebildet werden können. Nur so erreichen wir Transparenz und Analysierbarkeit, die auch planerische (zukunftsorientierte) Elemente beinhalten.

Dieses gilt nicht nur für die Produktion, sondern für alle Bereiche des Unternehmens, ob dies nun die Materialwirtschaft mit Einkauf und Logistik, die Entwicklung oder der Vertrieb ist.

Die Beurteilung der Lieferantenqualität unterstützt den Einkauf bei neuen Verhandlungen mit wichtigen Zulieferern. Über die Qualität der gelieferten Ware in der Vergangenheit können Kennzahlen für die zukünftig zu liefernden Produkte definiert werden. Dies hat unmittelbar Auswirkung auf die Kosten und damit auf das betriebswirtschaftliche Ergebnis und auf die internen Prozesse beim Lieferanten. Gleiches gilt natürlich auch für die Entwicklung. Der Gesamtaufwand der Entwicklung im Verhältnis zum Umsatz zeigt, wie stark das Interesse des Unternehmens an der Innovation ist. Der Umsatzanteil von Neuprodukten oder die Effektivität einer Entwicklung im Sinne einer ROI-Rechnung sind weitere Kennzahlen zur Bewertung der Innovationskraft eines Unternehmens.

An dieser Stelle wird sehr deutlich, dass auch das Controlling ein wichtiger und integraler Bestandteil von abteilungsübergreifenden Geschäftsprozessen ist. Noch klarer wird dies, wenn man sich die Orientierung von Kennzahlen bzw. Kennzahlsystemen anschaut, die in einem Unternehmen verwendet werden, dass die Philosophie des Total Quality Management (TQM) erfüllt.

Im Bild 4.3 sind beispielhaft Kennzahlen zu den 4 relevanten Gruppen zusammengefasst, die für die gesamthafte Betrachtung von Geschäftsprozessen notwendig sind.

Mit den Kennzahlen in der Gruppe „Mitarbeiterorientierung" werden die durch die Mitarbeiter und Zulieferer beeinflussten Unternehmensinteressen dargestellt. Ob dies um die Verbesserungsrate, die Zufriedenheit, die Fluktuation, der Krankenstand oder ähnliches ist. Auch die bereits zu Anfang des Buches dargestellten Wissens-, Bildungs- und Lerneigenschaften des Unternehmens – oder genauer der Mitarbeiter – lassen sich hier über Kennzahlen darstellen.

Mitarbeiterorientierung	
- Einsatzflexibilität	- Verbesserungsrate
- Fluktuationsgrad	- KVP-Durchdringung
- Krankenstand	- Zufriedenheitsindex
- Aufwand für Weiterbildung	
Q-Einheit: Mitarbeiter und Zulieferer	

Kundenorientierung	
- Beanstandungen	- Anzahl Neukunden
- Anzahl Änderungen	- Umwandlungsrate
- Anz. Varianten	- Entwicklungszeit
- Umsatzanteil neuer Produkte	
Q-Einheit: Produkte und Dienstleistungen	

Erfolgs- und Zielorientierung	
- Cash Flow	- Periodengewinn
- Kapitalrendite	- Umsatzwachstum
- Deckungsbeitrag	- Rentabilität
- Budgeteinhaltung	
Q-Einheit: Führung und Organisation	

Prozessorientierung	
- Änderungsgrad	- Nutzungsgrad
- Störungsrate	- Instandhaltungsgrad
- Produktivitätsrate	- Termintreue
- Vorbeugender Instandhaltungsgrad	
Q-Einheit: Prozesse und Verfahren	

Bild 4.3: TQM-Kennzahlen

Unter „Kundenorientierung" sind die Kennzahlen zusammengefasst, die mit der Produkten und Dienstleistungen des Unternehmens in engem Zusammenhang stehen.

Wichtige Informationen wie z.B. die Anzahl der neu gewonnenen Kunden, Reklamationen, Entwicklungszeiten oder ähnliche Kenngrößen dienen hier der Transparenz und Steuerung des Unternehmens.

In der Gruppe „Prozessorientierung" sind die Kenngrößen enthalten, die sich mit den Produktionsprozessen mittel- oder unmittelbar befassen.

Beispiele sind der Kapazitätsnutzungsgrad, die Termintreue oder aber Größen wie Störungen, Instandhaltung usw..

In der vierten Gruppe „Erfolgs- und Zielorientierung" sind überwiegend die sog. klassischen betriebswirtschaftlichen Kennzahlen zu finden. Sowohl Cashflow als auch Rentabilität, Umsatz, Budgeteinhaltung sind solche Kennwerte, die jedoch nun im Zusammenhang mit den anderen Kennzahlen einen erheblich aussagefähigeren Informationsgehalt bekommen.

4.2 Balanced Score Card (BSC)

Bereits im vorigen Abschnitt wurde die Entwicklung weg von einzelnen, isoliert stehenden Kennzahlen hin zu geschlossenen Kennzahlsystemen beschrieben. Das Ziel ist dabei anschaulich vergleichbar mit der Verknüpfung von Ursache und Wirkung.

An den Beispielen aus Produktion, Entwicklung und Logistik wurde verdeutlicht, dass einzelne Kennzahlen nicht ausreichen um die Geschäftsprozesse umfassend und transparent zu beschreiben. Vielmehr müssen auch hier bereits mehrere inhaltlich miteinander verknüpfte Kennzahlen gemeinsam betrachtet werden, um ein transparentes Bild des Prozesses zu erhalten und damit eine Grundlage für unternehmerische Entscheidungen zu haben.

Die BSC greift diesen Gedanken auf und perfektioniert ihn, indem das Prinzip von Ursache und Wirkung über das gesamte Unternehmen gestülpt wird.

Zusätzlich beinhaltet die BSC noch zwei wichtige Elemente, die sie deutlich von den bisherigen Kennzahlsystemen abhebt (Bild 4.4). Zum einen ist dies die Unternehmensstrategie, die als Leitlinie für alle Mitarbeiter des Unternehmens gilt und in das Zentrum des unternehmerischen Handelns gestellt wird. Das zweite Merkmal sind die unterschiedlichen Perspektiven in der BSC, mit denen diese Strategie umgesetzt werden soll.

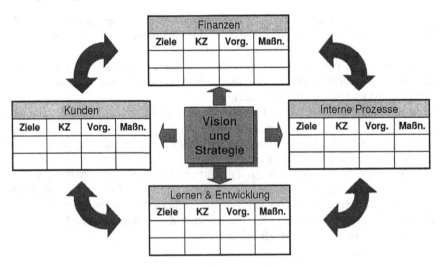

Bild 4.4: Balanced Score Card nach Kaplan / Norton

Die Strategie des Unternehmens gibt zunächst einmal den groben Handlungsrahmen und die Zielrichtung für alle Mitarbeiter des Unternehmens vor. Für das gesamte Unternehmen wird eine solche Strategie relativ global formuliert sein, trotzdem muss sie so konkret sein, dass sich alle Unternehmensbereiche und Mitarbeiter hier wiederfinden.

In der Regel werden solche Leitziele in recht griffigen Formulierungen gefasst wie: „Wir bringen unserem Kunden höchste Produktivität und Präzision." Mit solch einer Vision werden dann für die einzelnen Perspektiven die Kennzahlen definiert. Der Prozess folgt dabei der in Bild 4.5 dargestellten Strategie.

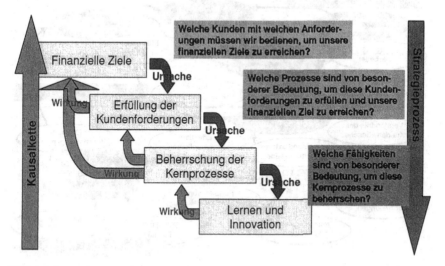

Bild 4.5: Kausalkette und Strategieprozess der BSC

Im Grunde wird hier eine ähnliche Top – Down – Bottom – Up – Strategie umgesetzt, wie bei dem QFD-Prozess (Kap. 3.1.1).

Zunächst werden finanzielle Ziele definiert, die dann hinterfragt werden. „Welche Kunden müssen wir bedienen, damit wir die Ziele erreichen?" Damit wird sofort ein kausaler Zusammenhang zwischen den Zielen (Wirkung) und den Kundenanforderungen (Ursache) hergestellt.

Konsequent führt der nächste Schritt auf die Prozessebene: „Welches sind die Kernprozesse, die wir zur Erfüllung der Kundenforderungen brauchen?" Auch hier wird wieder ein kausaler Zusammenhang hergestellt, wobei diesmal die „erfüllte Kundenforderung" die Wirkung und der „beherrschte Kernprozess" die Ursache ist.

Von den Kernprozessen kommen wir dann zu den Lern- und Innovationsfähigkeiten des Unternehmens. Auf diese Art und Weise lassen sich die Kausalketten für die BSC ableiten.

Die Ableitung dieser Zusammenhänge war bisher abstrakt und allgemeingültig. Die Umsetzung in die Praxis ist jedoch recht komplex und natürlich für jedes Unternehmen anders.

In Bild 4.6 sind einige Eigenschaften eines Unternehmens, die in Kennzahlen dargestellt werden können, gesammelt. Dabei wurden diese Eigenschaften auch bereits in die verschiedenen Perspektiven geclustert.

Darüber hinaus zeigen die Verbindungspfeile die kausalen Zusammenhänge zwischen diesen Elementen an.

Diese Eigenschaften sind nur beispielhaft für eine Vielzahl von Möglichkeiten, die letztlich durch die Strategie und die Art des Unternehmens geprägt werden.

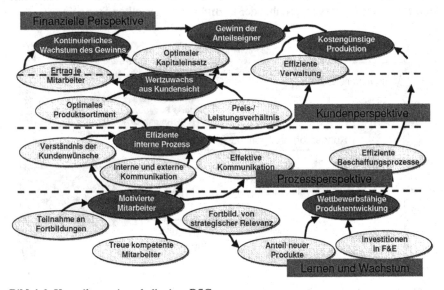

Bild 4.6: Kausalketten innerhalb einer BSC

So wird ein Ingenieurbüro sich völlig anders orientieren als ein Zulieferer in der Automobilindustrie. Oder ein junges Start-up-Unternehmen muss andere Schwerpunkte setzen als ein am Markt etabliertes Unternehmen.

Es wird deutlich, dass auch diese Elemente wichtig sind bei der Entwicklung von Kennzahlen für eine BSC. Gleichzeitig zeigen diese Ausführungen aber auch, dass die BSC selbst ständigen Veränderungen unterworfen ist und den aktuellen Gegebenheiten angepasst werden muss.

Beispielhaft sind in Bild 4.7 einmal für 4 verschiedene Unternehmensstrategien die unterschiedlichen Perspektiven dargestellt. So liegt in der Finanzperspektive beim Serienhersteller der Fokus z.B. auf dem Gewinn je Mitarbeiter. Hingegen muss sich das Start-up-Unternehmen bemühen, möglichst schnell profitabel zu werden, wobei dies wiederum kein Dauerzustand sein kann.

Ähnlich unterschiedlich sind auch alle anderen Perspektiven. Die Prozesse stehen beim Serienhersteller unter extremem Kostendruck wohingegen für das Entwicklungsunternehmen der effektive Innovationsprozess entscheidend für den Erfolg ist.

Der bereits erwähnte Serienhersteller muss darauf achten, dass seine Marktanteile bleiben bzw. wachsen. Hier drückt sich für ihn die Intensität der Kundenbindung aus, die bei ihm sehr stark durch Marktaktivitäten beeinflusst werden kann.

Perspektiven	Kostenorient. Strategie	Kundenorient. Strategie	F&E-orientierte Strategie	Start-Up Strategie
Finanzen	• Gewinn je Mitarbeiter • Vermögenswert je Manager	• Großkunden-rentabilität • Verkaufsmargen	• Ertrag von F&E • Umsatzanteil Neuprodukte • Innovat.-inv. vs. Gesamtinv.	• Time to profitability
Kunde und Markt	• Preissensibilität • Marketingaufw. vs. Umsatz mit Neuprodukten • Marktanteil	• Kundenloyalität bei wichtigsten Segmenten • Markenwahr-nehmung	• Anteil früher Markt-einführungen • Zeit bis zur Markteinführung • Zeit bis zu den max. Verkaufszahlen	• Qualität Großkunden-Management • Qualität Stakeholder Management
Prozesse	• Preissensitive Kostenelemente	• Fokus auf Pro-zessen mit Kun-denschnittstellen	• Effizienz / Effektivität der Innovationsproz.	• Reaktionszeit gegenüber Veränderungen
Innovation und Lernen (Mitarbeiter)	• Produktivität • Krankheitstage • Kündigungen vs. Trainingskosten	• Zufriedenheit mit Ausbildung • Zufriedenheit mit Verantwortung	• Zufriedenheit mit der persönlichen Entwicklung • Freiheitsgrade	• Kongruenz MA-Ziele und Unternehmensziele

Bild 4.7: Verschiedene Perspektiven der BSC

Im Vergleich dazu ist bei der kundenorientierten Ausrichtung die Loyalität gegenüber dem Kunden ein wichtiges Element der Bindung. Das Start-up-Unternehmen wiederum muss zunächst Wert auf die Qualität der Kunden legen, da dies gleichzeitig ein Signal an den Markt über die Fähigkeiten des jungen Unternehmens selber ist.

Anhand dieser kurzen Beispiele wird die Vielschichtigkeit und die Individualität der BSC für das einzelne Unternehmen deutlich. Letztlich beantwortet auch die BSC im Kern eigentlich nur die Fragen nach den Kernkompetenzen des Unternehmens, den dazu notwendigen Fähigkeiten und den daraus resultierenden Zielen und Erfolgen.

4.3 Basel II – aus der Sicht der Technik

„Basel II" hat in der jüngsten Zeit für viel Aufregung, Verwirrung und Unsicherheit gesorgt. Der wesentliche Punkt all dieser Anstrengungen und Aktivitäten der Banken und Kreditinstitute liegt darin, erhöhte Transparenz bei der Vergabe von Krediten zu schaffen.

Um dies zu ermöglichen soll das Unternehmen, das einen Kredit haben möchte, nach objektiven Kriterien umfassend bewertet werden. Die Konsequenz daraus ist, dass die Kosten für die Kredite mit der Größe des Risikos steigen und dass mit steigendem Risiko auch höhere Eigenkapitalanteile verlangt werden.

Aus Sicht der Banken ist dies sicher eine gute und richtige Vorgehensweise. Es stellt sich allerdings die Frage, welche Konsequenzen erwachsen daraus für das Unternehmen.

Die Beurteilung der Kreditfähigkeit der Unternehmen erfolgt in verschiedenen Stufen. In der ersten Stufe erfolgt ein sog. Finanzrating. Dieser Vorgang entspricht im wesentlichen dem, was bereits in der Vergangenheit üblich war. Basis für das Finanzrating sind Jahresabschlüsse, d.h. Bilanzen, Gewinn- und Verlustrechnungen, der Lagebericht und der Anhang. Aus diesen Informationen werden nun Kennzahlen abgeleitet, die im Rahmen des Ratingverfahren untersucht werden.

Diese Untersuchung berücksichtigt branchen- oder unternehmensspezifische Eigenschaften. So werden Dienstleistungsunternehmen anders bewertet als Produktionsunternehmen. Diese Analyse fließt mit etwa 35% - 50% in die Gesamtbewertung ein (Bild 4.8).

Neben diesen klassischen Bewertungskriterien fließen aber auch zu wesentlichen Anteilen Informationen über die Managementqualität und sog. „Weiche Faktoren" mit jeweils etwas 25% -35% in die Bewertung ein.

Zu der Thematik Basel II und Rating existiert eine Vielzahl von Informationen in der Literatur und vor allem im Internet, die sich mit der betriebswirtschaftlichen Komponente und der Gesamtbeurteilung befasst, so dass hier nicht weiter darauf eingegangen werden soll.

Vielmehr soll auch hier wieder der Zusammenhang zwischen Technik im weitesten Sinne und Betriebswirtschaft hergestellt werden. In diesem Falle sind unter dem Begriff Technik die weichen Faktoren und zum großen Teil die Managementqualifikationen nach Bild 4.8 zu verstehen.

Wenn man die Gewichtung der Einflussfaktoren für das Rating einmal anders interpretiert, so lautet die Aussage aus dem Bild 4.8: Die klassische betriebswirtschaftlichen Kennzahlen fließen zu maximal 50% in die Gesamtbewertung ein; über 50% der Beurteilung wird durch die beiden anderen Komponenten bestimmt.

In der Praxis bedeutet dies, dass ein finanziell gesundes Unternehmen ein schlechtes Ergebnis beim Rating erzielen kann, weil z.B. keine Informationen über die Managementqualifikation vorliegt oder weil Produktionsprozesse nicht beherrscht werden oder der Markt nicht bekannt ist.

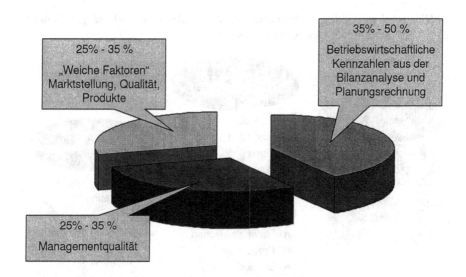

25% - 35 %

„Weiche Faktoren"
Marktstellung, Qualität,
Produkte

35% - 50 %

Betriebswirtschaftliche
Kennzahlen aus der
Bilanzanalyse und
Planungsrechnung

25% - 35 %

Managementqualität

Bild 4.8: Gewichtung der Informationen für das Ratingverfahren

Es wird also deutlich, dass Informationen über die Unternehmensstrategie, die Ziele und die Wege zur Realisierung der Ziele ebenfalls wichtige Faktoren für ein positives Ratingergebnis sind. Diese Dinge müssen aber im Sinne einer zukunftsorientierten und verantwortlichen Unternehmensführung auch im Unternehmen diskutiert und definiert werden. Insofern werden hier keine zusätzlichen Aufwendungen erbracht, sondern es werden eigentlich nur Informationen gefordert, die im Prinzip alle vorhanden sein müssen.

Betrachten wir die beiden Elemente „weiche Faktoren" und „Managementqualität" einmal etwas genauer (Bild 4.9), so werden diese Zusammenhänge sehr schnell deutlich.

Im Bild sind den jeweiligen Themenkomplexen weitere Schwerpunkte zugeordnet worden, die für ein erfolgsorientiertes Unternehmen von Bedeutung sind.

Die Managementqualität erfasst die strategischen oder visionären Komponenten und Kompetenzen in Bezug auf die Ziele des Unternehmens ebenso wie die konkrete persönliche Qualifizierung des Managements und die Regelung der Nachfolge im Unternehmen.

Genauso gehören Marktkenntnisse zu den strategischen Fähigkeiten des Managements, egal ob das Unternehmen national oder global tätig ist. Der Zwang, sich an den Forderungen und Bedürfnissen des Marktes zu orientieren, gilt heute weltweit für alle Branchen und je besser diese Erkenntnisse sowohl in der Unternehmensstrategie als auch in den Abläufen des Unternehmens umgesetzt werden, umso größer ist der Erfolg des Unternehmens. Dies gilt natürlich auch für die Kenntnisse über den Wettbewerb. Es ist manchmal erschütternd festzustellen, dass nicht nur die Mitarbeiter, sondern auch das Management vielleicht den Namen des Wettbewerbs kennen, aber über Produkte, Umsätze und Marktanteile nichts wissen. Diese Informationen sind für das Unternehmen lebensnotwendig.

Hier tauchen wieder die Elemente des TQM, der BSC und die ganzheitliche Betrachtungsweise der Geschäftsprozesse auf.

Bild 4.9: Erfolgsfaktoren für das Rating-Verfahren

Noch konkreter und offensichtlicher werden diese Zusammenhänge, wenn wir die Erfolgsfaktoren innerhalb der weichen Faktoren betrachten.

- Wie entwickelt sich der Markt?

- Welche Bedürfnisse haben unsere Kunden?

- Warum kaufen die Kunden bei uns?

Dies sind Fragen, die immer wieder diskutiert und immer neu beantwortet werden müssen. So kann ein international tätiges produzierendes Unternehmen durchaus in eine schwierige Situation kommen, wenn es nicht erkennt, dass der asiatische Markt sich anders verhält als der europäische oder amerikanische.

Ein anschauliches Beispiel dafür bietet die Automobilindustrie. Noch immer werden amerikanische Autos in Europa nur sehr begrenzt nachgefragt. Umgekehrt ist zwar der Absatz der europäischen Hersteller in den USA gewachsen, aber immer noch relativ gering und nur bei großen Fahrzeugen im Vergleich zum Verkauf im Heimmarkt. Der wesentliche Grund dafür ist sicher die Tatsache, dass sich der amerikanische Geschmack in Bezug auf Autos nach wie vor deutlich vom europäischen unterscheidet. Hinzu kommt, dass Energie bzw. Benzin in Amerika nach wie vor billig im Vergleich zu Europa ist, so dass in USA großvolumigere Motoren eingesetzt werden als hier.

Ein anderes Beispiel stammt von einem Zulieferer für Industrieausrüstungen, der gerade seine langjährig existierende Produktreihe durch eine neue, hochmoderne und kostengünstigere Nachfolgeserie ablösen möchte. Im Rahmen einer intensiven Marktuntersuchung wuchs die Erkenntnis, dass bestimmte Regionen bzw. Kunden eher konservativ orientiert sind und lieber an dem alten Produkt festhalten wollen.

Würde man diesen Kunden nur noch das neue Produkt bieten, so wäre die Gefahr groß, diese Kunden an den Wettbewerb zu verlieren. Ein schneller Übergang von dem alten zum neuen (besseren) Produkt ist also nicht möglich, sondern beide Produkte müssen eine Zeit lang parallel geliefert werden.

Ähnliches gilt für die Produktqualität. Auch beim Rating interessiert, ob die Qualität des Produktes beherrscht wird. Wie zufrieden sind die Kunden mit dem Produkt? Gibt es definierte Prozesse, was zu geschehen hat, wenn die Qualität nicht in Ordnung ist? Alle diese Fragen werden ebenfalls diskutiert und beantwortet, wenn das Unternehmen sich mit dem Qualitätsmanagement auseinander setzt.

Wie funktioniert die Entwicklungsarbeit im Unternehmen? Auch dies ist ein wichtiger Faktor beim Rating, da Innovation die Basis des unternehmerischen Erfolges ist.

Auch die Prozesse innerhalb der Materialwirtschaft wie Lager, Einkauf, Logistik sind wichtige Erfolgsfaktoren in der heutigen Zeit. Wenn wir einmal unterstellen, dass die Materialquote am Unsatz eines produzierenden Unternehmens eine Größenordnung von 30% bis zu 50% erreichen kann, so wird die Brisanz und Wichtigkeit dieser Funktionen deutlich. Dabei sind auch wieder Prozesse zu beherrschen, die nicht nur von ihrer finanziellen Dimension, sondern auch aufgrund der Beherrschung der Zeitachsen entscheidenden Einfluss auf die Ergebnisse des Unternehmens haben.

Gleich wichtig wie die Materialwirtschaft ist die Produktion im Unternehmen selbst. Auch hier die Kernfrage nach der Wettbewerbsfähigkeit im Hinblick auf

- Technologie,

- Produktivität,

- Schnelligkeit und,

- Zukunftsfähigkeit.

Eine besondere Bedeutung kann – je nach Unternehmenstyp – dem Service zukommen. Nicht umsonst spricht man im Produktionsmaschinenbau davon, dass „der Service die 2. Maschine verkauft!".

Gerade bei Investitionsgütern, aber auch in vielen anderen Feldern, ist die Schnelligkeit, Flexibilität und Qualität des Service ein entscheidender Faktor in der Ausprägung der Kundenbindung und trägt somit zum Erfolg des Unternehmens bei.

Alle hier aufgeführten Beispiele lassen sich letztlich an persönlichen, eigenen Erfahrungen spiegeln und zeigen auf, dass auch die Bewertung der Bonität von Unternehmen durch Banken nur dazu dient, das Geschäft und den möglichen Erfolg transparent zu machen.

5 Zusammenfassung und Ausblick

In den letzten Jahren wurde von der Politik, den Arbeitnehmern und Arbeitgeberverbänden und vielen anderen Institutionen die mangelnde Innovationsfähigkeit der Unternehmen beklagt. Dies ist sicher zum Teil richtig und wird durch die Vielzahl von Insolvenzen bestätigt. Die Gründe hierfür sind sehr vielschichtig und in jeden Einzelfall, in dem der unternehmerische Erfolg ausblieb, auch sicherlich nachvollziehbar.

Ob nun die Globalisierung als Ursache für den Misserfolg herhalten muss oder der damit gestiegene Wettbewerb oder das Wegbrechen von Märkten ist eigentlich von untergeordneter Bedeutung. Viel entscheidender ist, dass das jeweils verantwortliche Management Fehler gemacht hat, die letztlich darauf zurückzuführen sind, dass es an der immer weiter wachsenden und schwer zu beherrschenden Komplexität des Marktes gescheitert ist.

Nach wie vor lebt nicht nur das produzierende Unternehmen davon, dass es innovativ tätig ist. Auch Dienstleister müssen sich neu orientieren, um am Markt bestehen zu können. Diese Erkenntnis setzt sich offenbar immer mehr auch in der breiten Bevölkerung durch. Gerade hat die Bundesregierung das Jahr 2004 zum „Jahr der Innovationen" erklärt und damit auch klar zum Ausdruck gebracht, dass Innovationen die Basis für wirtschaftliches Wachstum und Erfolg sind. Dabei ist Innovation ein sehr weites Feld, angefangen von neuen Produkten über neue Produktionsprozesse bis hin zu innovativen Dienstleistungen.

Der Fokus dieses Buches war jedoch auf technisch orientierte Unternehmen gerichtet. Das Ziel war, die Brücke zwischen den wichtigen Funktionen Betriebswirtschaft und Technik in der Form zu schlagen, dass die Betriebswirtschaft mehr Verständnis für die Technik entwickelt und ihr Prozessverständnis an dem technischen Geschehen im Unternehmen ausrichtet. Umgekehrt muss aber die Technik in Zeiten knapper werdender Margen und stärkerer Kundenorientierung begreifen, dass mit der Technik der Unternehmenserfolg – und damit das langfristige Überleben – gesichert werden muss. Die Technik kann also nicht nur um ihrer selbst willen weiter entwickelt werden, sondern sie muss sich den Spielregeln des Marktes, den Kundenwünschen und vor allem den Gesetzen der Betriebswirtschaft unterordnen.

Natürlich findet dies alles in einem immer schwieriger werdenden Umfeld statt. Aber – und das ist das Hauptziel des Buches – es gibt heute eine Vielzahl von Hilfsmitteln, Methoden und Werkzeugen, die es erlauben, diese Komplexität zu beherrschen und zu bewältigen. Ein wesentlicher Gesichtspunkt dabei ist vor allem die Verwandtschaft bzw. Integrationsfähigkeit verschiedener Methoden, um komplexe Entwicklungsaufgaben zu lösen.

Literatur

[29] Autorenkollektiv (1991)
: *Denken in Systemen*
Festo KG

[25] Autorenkollektiv (1998)
: *Erfolgsfaktoren von Innovationen: Prozesse, Methoden und Systeme*
Ergebnisse einer gemeinsamen Studie der Fraunhofer Institute IPA, IAO, IPK

[7] Braham J (10/95)
: *Inventive Ideas grow on TRIZ*
Machine Design

[17] Bullinger H G et. al. (5/98)
: *Produktionsfaktor Wissen, Personalwirtschaft, Wissensmanagement*

[30] Burghardt M (2000)
: *Projektmanagement*
Publicis MCD Verlag

[6] Clark D W (1999)
: *Strategically Evolving the Future*
Ideation International Inc.

[33] Deming W E (1986)
: *Out of the crisis.*
Massachusetts Institute of Technology (MIT), Massachusetts, USA

[28] Ellringmann H (2000)
: *Geschäftsprozesse ganzheitlich managen*
Fachverlag Deutscher Wirtschaftsdienst GmbH

[26] Friedag H, Schmidt W (2000)
    My Balanced Scorecard
    Haufe Verlag

[10] Harry M, Schroeder R (1999)
    Six Sigma
    Campus Verlag, Frankfurt

[14] Jonasch R, Sommerlatte T (2000)
    Innovation: Der Weg der Sieger
    Verlag Moderne Industrie
[15] Kamiske G, Brauer J-P (1999)
    Qualitätsmanagement von A-Z
    Carl Hanser Verlag, München, Wien

[32] Karnovsky H. et. al. (1996)
    EDV-Werkzeuge für das Projektmanagement
    Expert Verlag

[3] Mai Ch (2002)
    Schneller – Höher – Weiter
    wt Werkstatttechnik 89 H.4,
    Springer Verlag

[2] Masing W (1998)
    Handbuch der Qualitätssicherung
    Carl Hanser Verlag, München, Wien

[8] Mazur G (1995)
    Theory of inventive Problem Solving (TRIZ)
    University of Michigan, College of Engineering

[27] Michalko M (2001)
    Erfolgsgeheimnis Kreativität
    Verlag Moderne Industrie, Landsberg

[20] N N (2003)
    Basel II und mittelständische Unternehmen
    Vortragsreihe, Mittelstandtagung Kempten

[23] N N (1987)
    DIN 69910: Wertanalyse
    Hrsg. DIN Deutsches Institut für Normung e.V.
    Beuth-Verlag, Berlin, Köln

[18] N N (1998)

Erfahrungsbericht Innovationsmanagement
Broschüre der Droege & Comp. AG, Düsseldorf

[21] N N (1999)

KonTraG, KapAEG, Erläuterung zu den wichtigen
Vorschriften und praktische Hinweise zur Umsetzung
Hrsg. Arthur Andersen

[5] N N (1998)

Stop or go – Quality Gates im Produktentstehungs-
prozess PKW
Daimler Benz AG

[22] N N (1995)

Wertanalyse: Ideen – Methoden – System
Hrgs. Vom Zentrum Wertanalyse der VDI –
Gesellschaft Systementwicklung und Projektgestaltung;
5. überarb. Auflage, VDI-Verlag, Düsseldorf

[24] Norton Kaplan (1997)
Balanced Score Card
Schäfter-Poeschl Verlag, Stuttgart

[31] Ophey L (2003)

Manuskript zur Vorlesung Projektmanagement am
Internationalen Hochschulinstitut Lindau (IHL)
Eigendruck

[4] Orloff M (2002)

Grundlagen der klassischen TRIZ
Springer-Verlag

[1] Pfeifer T (1993)

Qualitätsmanagement
Carl Hanser Verlag, München, Wien

[12] Probst G et. al. (1999)
Wissen managen
Gabler Verlag, Frankfurt

[9] Reinhart G (1997)

Autonome Produktionszellen
VDW-Forschungsbericht

[11] Stansberg M, Klüter H-B (2000)
    Qualitätsbezogene Kennzahlen messen, bewerten und optimieren
    WEKA-Verlag, Augsburg

[13] Sveiby K E (1998)
    Wissenskapital, das unentdeckte Vermögen
    Verlag Moderne Industrie

[16] Zobel D (2001)
    Systematisches Erfinden
    expert Verlag

Sachverzeichnis